电网工程建设

安全文明施工图册

变电工程

国网江苏省电力有限公司建设部
国网江苏省电力工程咨询有限公司
组编

中国电力出版社
CHINA ELECTRIC POWER PRESS

内 容 提 要

本书以国家、行业相关标准和《国家电网有限公司输变电工程安全文明施工标准化管理办法》为依据，结合近几年电网公司基建专业管理相关要求，总结出符合现行标准的安全文明施工标准化布置要求。全书按照区域和功能进行划分，全书共8章，具体为：临时建筑搭设要求、进站道路和大门区域布置及要求、办公区域布置及要求、生活区域布置及要求、生产加工区域布置及要求、施工区域布置及要求、临时用电布置及要求、消防设施布置及要求。此外，本书附录给出了图牌式样及制作要求供读者参考。

本书系统全面、图文并茂，可供变电站一线施工、监理人员以及企业管理人员进行安全教育和日常工作时使用，也可供相关人员学习参考。

图书在版编目（CIP）数据

电网工程建设安全文明施工图册.变电工程／国网江苏省电力有限公司建设部，国网江苏省电力工程咨询有限公司组编．—北京：中国电力出版社，2020.4

ISBN 978-7-5198-4298-7

Ⅰ.①电… Ⅱ.①国…②国… Ⅲ.①变电所－电力工程－安全管理－图集 Ⅳ.①TM727.64

中国版本图书馆CIP数据核字（2020）第024377号

出版发行：中国电力出版社
地　　址：北京市东城区北京站西街19号（邮政编码100005）
网　　址：http://www.cepp.sgcc.com.cn
责任编辑：崔素媛（010－63412392）
责任校对：黄　蓓　闫秀英
装帧设计：张俊霞
责任印制：杨晓东

印　　刷：三河市万龙印装有限公司
版　　次：2020年4月第一版
印　　次：2020年4月北京第一次印刷
开　　本：880毫米×1230毫米　32开本
印　　张：5.5
字　　数：132千字
定　　价：59.00元

编委会

主　编　黄志高

副主编　潘　勇　肖　树　孙　雷　吴　威

参　编　生红莹　何宏杰　方　磊　尹元明　顾明清　杜长青　唐治年
徐国柱　汤　昊　吴新宇　施圣东　俞民强　王育飞　张春宁
许　磊　丁寅龙　缪　磊　乔　杰　何　鹏　闵师伟　揭　晓
姜炫丞　汪益平　宋南中　刘海涛　何　意　陈　敏　于　唯
陆　远　肖贤华　陈　勇　白　钒　周大炎　杨　义　成嘉楠
董佳斌　杨兆勇　史春晖

编写单位　国网江苏省电力有限公司建设部
国网江苏省电力有限公司南京供电分公司
国网江苏省电力有限公司苏州供电分公司
国网江苏省电力有限公司常州供电分公司
国网江苏省电力有限公司扬州供电分公司
国网江苏省电力有限公司盐城供电分公司
国网江苏省电力工程咨询有限公司
江苏兴力建设集团有限公司监理分公司

序

安全生产事关人民福祉，事关经济社会发展大局。

自党的“十八大”以来，中央对安全生产工作空前重视。在十九大报告中，习近平总书记指出，要树立安全发展理念，弘扬生命至上、安全第一的思想，健全公共安全体系，完善安全生产责任制，坚决遏制重特大安全事故，提升防灾、减灾、救灾能力。近年来，电网基建安全生产形势持续稳定好转，但由于电网基建工程技术难度大、风险系数高，安全生产基础仍待加强，安全生产体系仍需完善。

作为保障国家能源安全的“国家队”，国家电网有限公司坚持以国家“总体安全观”为根本遵循，率身作为，提出了打造“三型两网”企业的战略目标，确立了通过实施质量变革提升安全管理能力的根本思路。

就基建安全而言，实施质量变革就是要突出精益管理、精细作业，就是要把严谨细致的理念贯穿到电网建设的全过程。所以，在电网建设环境更加复杂、建设要求更加严格、建设任务更加繁重的背景下，推行安全文明施工措施的标准化建设便是响应质量变革的务实之举。

为此，国网江苏省电力有限公司组织人员，整理收集了大量有关电网工程（包括苏通 GIL 综合管廊工程）安全文明施工设施和标准式样图纸说明及参数等资料，在此基础上，编写了本套《电网工程建设安全文明施工图册》。本套图册共分为 3 个分册，分别是《变电工程》《线路工程》《综合管廊》。希望电网建设施工管理人员和作业人员通过学习运用本书，共同推进电网建设工程安全制度执行标准化、安全设施标准化、个人安全防护用品标准化、现场布置标准化、作业行为规范化和环境影响最小化，携手打造“精益管理”的电网建设安全生态。

国网江苏省电力有限公司副总经理

前　言

为规范变电站工程现场安全文明施工管理，全面推行现场布置标准化、安全设施标准化、个人安全防护用品标准化。依据国家工程建设与环境保护的法律法规、行业有关安全文明施工标准、《国家电网有限公司基建安全管理规定》以及《国家电网有限公司输变电工程安全文明施工标准化管理办法》，结合变电站工程建设具体情况，编制本图册。

本书将输变电工程施工场所按照模块化进行管理，依据项目管理实施规划（施工组织设计）中的总平面布置图，按照使用功能将现场区域划分为进站道路及大门区域、办公区、生活区、生产加工区、施工区。各模块区主要由现场围墙、环形混凝土道路、塑钢（铝合金）围栏、钢管围栏、门形组装式安全围栏、提示遮栏等分隔而成。

本书通过实景图片、标识图牌及简要文字说明等通俗易懂的方式呈现了输变电工程各现场模块区的安全文明布置，可为现场人员提供实际可行、标准规范的安全文明施工管理模板。本图册所有图牌尺寸及制作要求详见附录。本图册适用于 110kV 及以上新建变电站工程，改扩建变电站工程参照使用。

由于编者水平有限，疏漏之处在所难免，恳请广大读者提出宝贵意见。

目录
Contents

PART 1
临时建筑搭设要求

临时建筑应采用预制舱或活动板房形式，耐火等级不低于四级，且应有抵御大风、大雨、大雪等自然灾害的措施，屋面为不上人屋面；临时建筑主色调应与现场环境相协调，主要为红白或蓝白，屋面统一采用红色或蓝色，室内净高不应低于 2.5m（见图 1-1）。

图 1-1　预制舱临时设施

02

办公区、宿舍区宜位于塔吊机械作业半径之外，场地按要求硬化处理，排水通畅，集中井距离宜按 20~30m 设置。会议室使用面积不宜小于 $30m^2$，办公室人均使用面积不宜小于 $4m^2$，宿舍人均使用面积不宜小于 $2.5m^2$。厨房、食堂区与厕所、垃圾站等污染源的距离不宜小于 15m，且不应设在污染源的下风侧。危险品仓库应距离办公区、生活区等区域 30m 以上。活动板房临时设施的布置图见图 1-2。

图 1-2 活动板房临时设施

PART 2
进站道路和大门区域布置及要求

2.1 进站道路和大门区域整体布置及要求

进站道路及大门区域需设置四牌一图、作业层班组骨干人员公示牌、方位指示牌、车辆限速禁鸣牌、车辆冲洗平台、技术交底平台、个人安全防护用品指示牌、大门、人员管理系统、门卫值班室等安全文明施工设施，并按要求设置安全警示标志。

2.2 进站道路和大门区域图牌设置

2.2.1 四牌一图

新建变电站应在大门区域适当位置设置“四牌一图”，即工程项目概况牌、工程项目管理目标牌、工程项目建设管理责任牌、安全文明施工纪律牌、施工总平面布置图。图牌框架应为钢结构，整体结构稳定。

2.2.2 其他图牌

新建变电站大门区域还应设置以下图牌：三级及以上风险点分布示意图、作业层班组骨干人员公示牌、核心分包队伍及核心分包人员公示牌、生产作业现场“十不干”牌、应急联络牌等图牌。同时设置相应安全警示标志牌，标牌设置应高度统一、间距一致、整齐美观（见图 2-1）。

图 2-1　进站道路和大门区域图牌布置

2.3 方位指示牌

在公路与进站道路相交处设置醒目的“×× 变电站工程”方位指示牌（见图 2-2）。

图 2-2　方位指示牌

2.4 限速禁鸣标志牌

进站道路临近大门处设立车辆限速禁鸣标志牌（见图 2-3）。

图 2-3 限速禁鸣标志牌

2.5 施工区大门设置

门楼设计以龙门架为基本造型，材料为钢结构焊龙骨架，外包喷绘布，大门净高不低于6.5m。立柱和横梁底色为国网绿，字体为宋体白字，字体大小根据门头尺寸确定，门头前后文字内容一致，门楼前道路上应设置减速带。

图 2-4 进站大门门楼

2.6 人员管理系统

人员管理系统应设置在施工场区进出口处，分为人员通道及车辆通道，分别布置人员、车辆闸机，并与管理系统相联通；人员通道应搭建防雨棚，车辆通道的宽度以不影响工程车辆进场为宜。

图 2-5 人员管理系统

2.7 门卫值班室

门卫值班室应设置在施工场区进出口处，设置门卫值守管理制度标牌。

图 2-6 门卫值班室

2.8 安全语音提示器及噪声、防尘监测器

变电站宜在施工区域入口处设置安全语音提示器（见图 2-7）及噪声、防尘监测器（见图 2-8）。

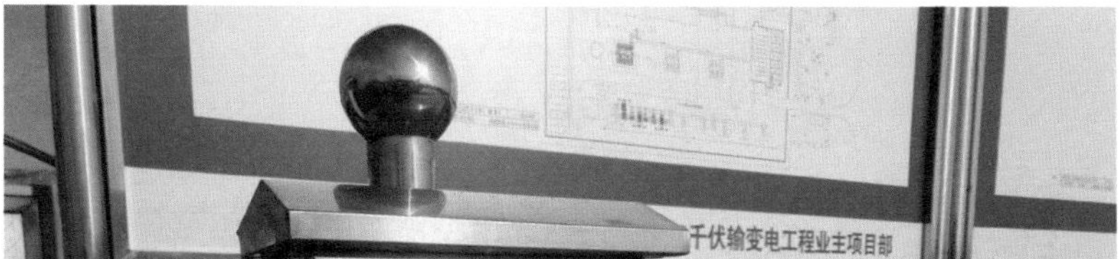

图 2-7　安全语音提示器

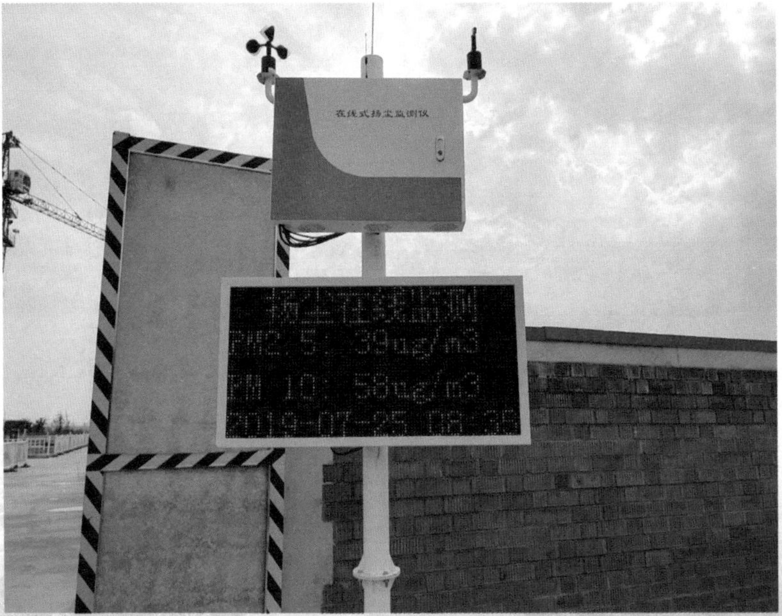
在线式扬尘监测仪
扬尘在线监测
PM2.5: 39ug/m3
PM 10: 58ug/m3

图 2-8　噪声、防尘监测器

2.9 个人安全防护用品指示牌

个人防护用品指示牌（见图 2-9）应设置在进站道路一侧，应包括个人安全防护用品正确佩戴示意图及安全自查镜。

图 2-9　个人安全防护用品指示牌

2.10 技术交底平台

应在施工现场入口区域或在作业人员上岗的必经之路旁设置技术交底平台，技术交底平台宜采用电子显示屏，电子显示屏应播放当日涉及作业的安全、质量、技术要点和注意事项（见图 2-10）。

图 2-10　技术交底平台

2.11 车辆冲洗平台

施工现场出入口处应设置车辆冲洗平台（见图 2-11）。冲洗平台由沉淀池、冲洗设备及电源控制箱组成。

图 2-11　车辆冲洗平台

PART 3 办公区域布置及要求

3.1 办公区整体布置要求

项目部办公场所应交通便利、水电齐全、通信通畅，能满足文明施工管理要求；办公区应设置办公用房、停车场、隔离围护、水冲式厕所、消防器材、垃圾箱等设施，做到布置合理、场地整洁；业主、监理、施工项目部办公室应分别独立设置。预制舱型式办公区和活动板房型式办公区（见图 3-1 和图 3-2）。

图 3-1　预制舱型式办公区

图 3-2　活动板房型式办公区

办公区入口处应设置门柱，门柱处应设置工程项目管理部名称铭牌。隔离围护宜采用格栅式围墙，高度为 2m（见图 3-3）。

图 3-3　办公区入口

办公区域应在室外适宜位置设置宣传栏（见图 3-4）、标语等宣传类设施；同时应放置若干组垃圾箱（见图 3-5），垃圾箱应按垃圾分类设置，宜分为可回收垃圾、有害垃圾、其他垃圾等类型。

图 3-4　办公区宣传栏

其他垃圾
Other Waste
可回收物
Recyclable
有害垃圾
Harmful Waste
易腐垃圾
Perishable Waste

图 3-5　办公区垃圾箱

3.2 会议室

会议室应设置两扇门，且应外开设置；会议室内配置会议桌椅、茶水桌、空调、投影仪、LED 屏等设施，投影仪宜采用吊杆固定于顶棚，可根据需要配备多媒体设备监控和音响设备，背景墙应采用国网绿色（见 3-6 和图 3-7）。

图 3-6　会议室整体布置

省公司第三批造价管理成效监督检查
江苏中吴500kV输变电工程
国网江苏省电力工程咨询有限公司
(国网江苏省电力有限公司建设分公司)

图 3-7　会议室背景墙

会议室进门左右两侧墙上应悬挂安全文明施工组织机构图、工程项目管理目标牌、工程施工进度横道图、应急联络牌。适宜位置可悬挂工程亮点展示牌、变电站效果图等图牌（见图 3-8）。

图 3-8　会议室图牌布置

3.3 办公室

办公室分为业主办公室、监理办公室、施工办公室、资料办公室等，各办公室门口应设置项目部铭牌（见图 3-9 ~图 3-11）。办公室内配备办公桌椅、文件柜、计算机、打印机、复印机、扫描仪、空调、网络等必要的办公设施。

图 3-9　业主项目部办公室铭牌

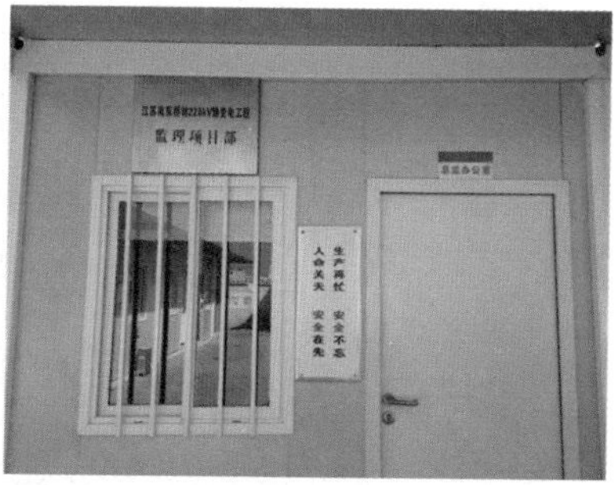

图 3-10　监理项目部办公室铭牌

图 3-11　施工项目部办公室铭牌

业主办公室图牌内容应包括业主项目部组织机构牌、业主项目部岗位责任牌、安全生产委员会牌（如有）、应急联络牌，见图 3-12。业主项目部岗位责任牌应包含业主项目经理、安全管理专责、质量管理专责、造价管理专责等岗位，可采用插页形式，制作样式详见附录。施工项目部、监理项目部岗位责任牌参照执行。

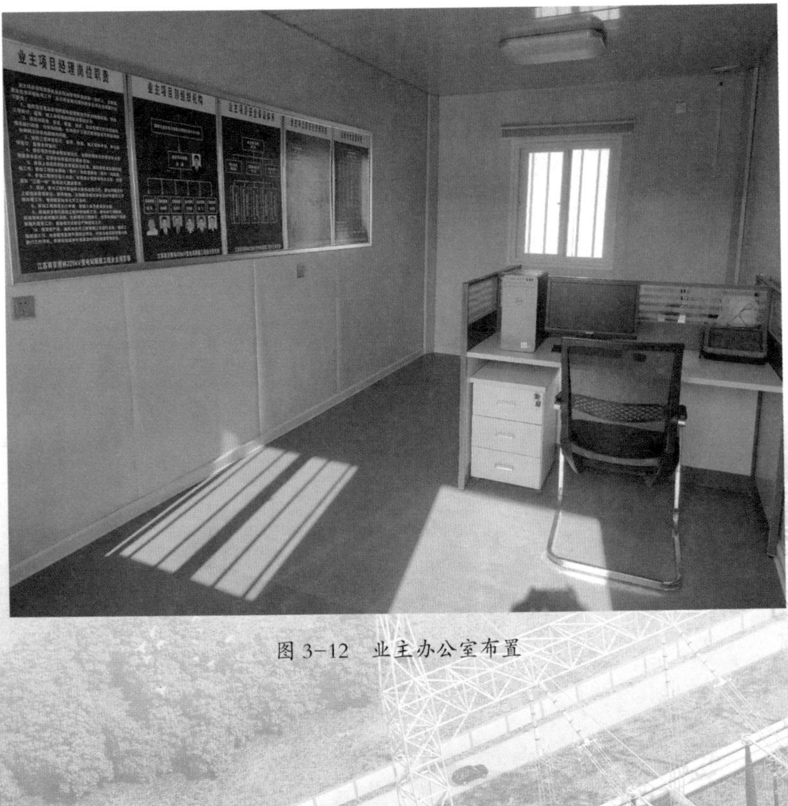

图 3-12　业主办公室布置

监理办公室图牌内容应包括工程项目监理目标牌、监理人员岗位责任牌、监理项目部组织机构图、三级及以上施工现场风险管控公示牌等，见图 3-13。

图 3-13 监理办公室布置

施工办公室图牌内容应包括施工项目部组织机构图、施工项目部岗位责任牌、作业层班组骨干责任牌、工程项目施工管理目标牌、工程施工进度横道图、治安消防管理网络、三级及以上施工现场风险管控公示牌等，见图 3-14。

图 3-14　施工办公室布置

资料室图牌内容应包括信息资料员岗位责任牌、档案资料管理制度牌，见图 3-15。

图 3-15 资料室布置

3.4 党员活动室

成立党支部的现场项目部需设立党员活动室。党员活动室门口应设置党支部标识牌，室内应配备小型会议桌椅，见图 3-16。室内设置党支部组织机构和公告公示图板、党支部综合图板、主题教育图板（结合实际进行制作）等图牌，还可根据实际需要增设荣誉展示栏。

图 3-16　党员活动室布置

3.5 停车场

办公区室外应设置满足需要的小车停车场，停车位宽度为 2.5m，长度为 5m，停车位采用黄色或白色标线漆，标线宽度为 150mm，车辆应停放整齐，见图 3-17。

图 3-17　停车场布置

3.6 水冲式厕所

办公区水冲式厕所应位于主导风向的下风侧。厕所应分男厕、女厕，厕所内应配备蹲便器、小便斗、洗手池等设施；外墙醒目位置张挂“厕所卫生管理制度牌”，适当位置宜张贴节约用水宣传标语或漫画，见图3-18。

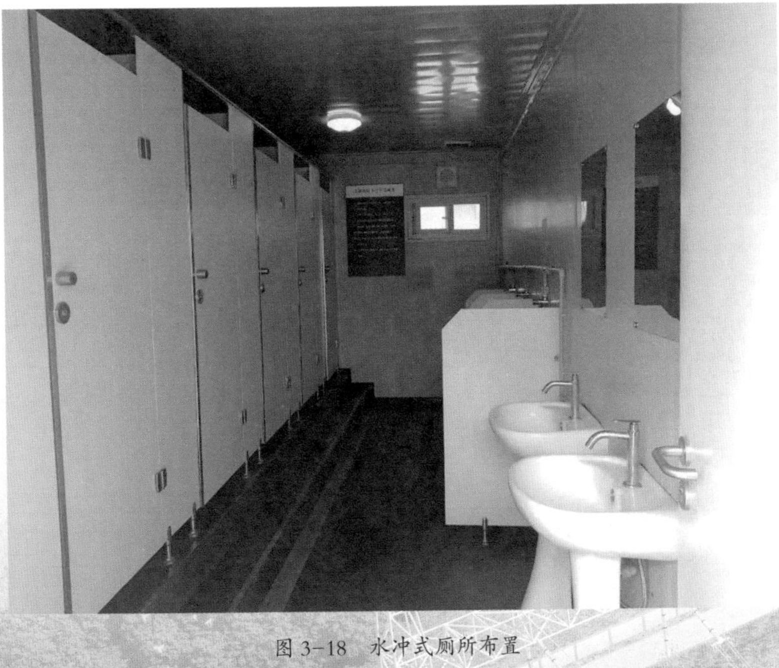

图 3-18　水冲式厕所布置

PART 4
生活区域布置及要求

4.1 生活区整体布置要求

生活区主要由宿舍区、厨房食堂区、厕所、盥洗室、浴室区及文体活动室等组成。入口处门头宜设置“员工之家”字样标识，两侧门柱设置安全宣传标语，路口处应设置区域指示牌，见图 4-1 和图 4-2。

图 4-1　生活区入口

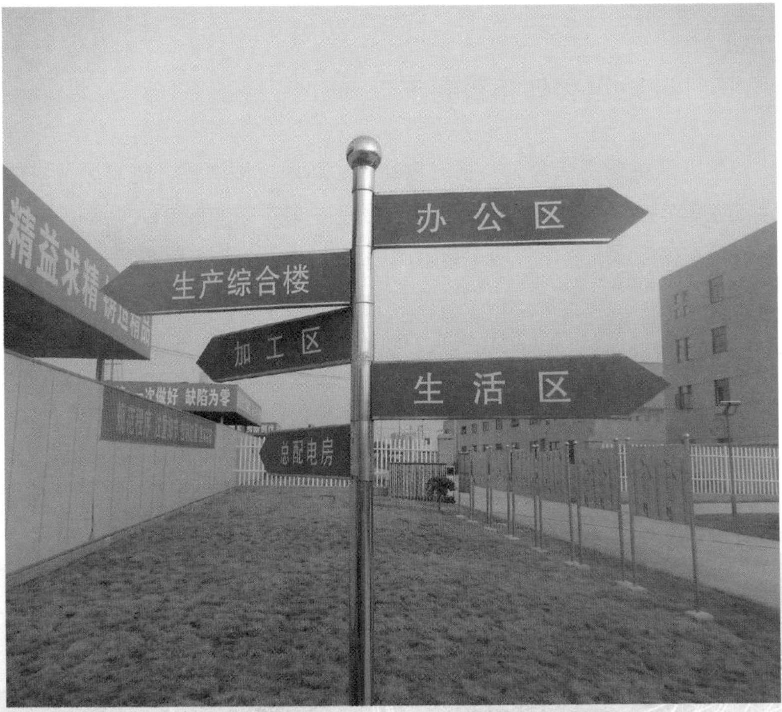
办 公 区
生产综合楼
加 工 区
生 活 区
总配电房
精益求精

图 4-2　区域指示牌

生活区宜根据现场实际情况，适当设置绿色景观，并按每 5 间宿舍配置 1 组垃圾箱，见图 4-3 和图 4-4。

图 4-3　宿舍区绿色景观

图 4-4　宿舍区垃圾箱

4.2 宿舍区

宿舍应建设牢固，整洁卫生，保持通风。宿舍门头应设置标识铭牌，并根据实际数量进行编号。外墙醒目位置应设置宿舍管理制度牌，外墙空余位置可适当张挂其他安全宣传标语或漫画，见图 4-5。

图 4-5　员工宿舍

宿舍内应保证必要的生活空间。标准普通板房居住人数不宜超过8人，标准预制舱板房居住人数不宜超过6人。宿舍内应配置空调，设置单人铺，实行单人单床，禁止通铺。层铺的搭设不应超过2层。宿舍内宜配置生活用品专柜1套（如脸盆架、毛巾钩和摆放台等），宜配置鞋柜或鞋架1组，见图4-6。

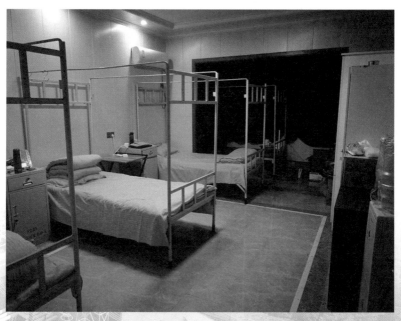

图4-6　员工宿舍内部布置

空调室外机应统一安装，采用离地高度为 300mm 的预制或清水砖砌基础，室外机应可靠接地（见图 4-7）。空调设备的冷凝水应有组织排放，冷凝水管不应直接与污水管或雨水管连接。

图 4-7　空调室外机布置

4.3 活动室

活动室内宜设置能满足职工业余文化生活需要的相应的功能区或设施，如设置阅览角、健身器材、网络电视等硬件设施，见图 4-8。

图 4-8 活动室布置

4.4 厨房、食堂区

厨房宜设置在主导风向的下风侧，门头应有标识铭牌。厨房内应配备不锈钢厨具、冰柜、厨余垃圾箱，尽量使用电磁厨具；确需使用燃气的，应做好相应消防安全措施，并在室内悬挂“燃气防护安全措施牌”；操作间内应设置冲洗池、清洗池、消毒池、隔油池，地面应做硬化和防滑处理，见图 4-9。

图 4-9　厨房整体布置

食堂应张贴门头铭牌，设立独立存储间、生食间及熟食间，内设成套餐座椅、消毒灯、密闭式泔水桶等设施。食堂内墙醒目位置张挂食堂管理制度牌、食堂防火制度牌、食堂文明卫生制度牌、炊事员健康证公示牌，内墙空余位置宜张挂其他文明节约宣传标语或漫画，见图 4-10。

图 4-10　食堂整体布置

4.5 厕所、盥洗室、浴室区

厕所宜设置在主导风向的下风侧，厕所、盥洗室、淋浴间门头应设置标识铭牌。地面应做硬化和防滑处理，厕所厕位、盥洗间内盥洗池和水嘴、淋浴间内淋浴器设置应满足施工人员数量要求。外墙适当位置宜张挂节约用水宣传标语或漫画，见图 4-11 ~图 4-13。

图 4-11　生活区厕所

图 4-12　盥洗室

图 4-13　浴室

4.6 晾晒区

生活区内宜设置晾晒区域，供施工人员使用，地面应做硬化处理。晾晒衣物时应进行固定，防止漂浮物进入变电站运行区域，见图 4-14。

图 4-14　晾晒区

PART 5
生产加工区域布置及要求

5.1 加工区整体布置要求

生产加工区应划分为材料机具库房、危险品仓库、砂石材料堆放场地、水泥仓库、木工加工区、钢筋加工区、焊接加工区、混凝土搅拌区及专用车辆停放区等区域。生产加工区地面应采取硬化措施，场地内应设置排水沟及集水井，排水沟明设置时需增加格栅，确保地面通行平稳、无积水，见图 5-1。

图 5-1　生产加工区全景

5.2 材料机具库房

材料机具库房主要包括工器具仓库、消耗性材料仓库、应急物资仓库等，见图 5-2。

图 5-2　材料机具库房

工器具仓库、消耗性材料仓库库房内应设置货架，架体宜采用不锈钢等防锈蚀材料制作。库房内应悬挂仓库管理制度、材料员岗位责任牌、安全警示标志牌；货架应设置材料标识牌，按照材料状态分为合格、不合格状态牌，见图 5-3。

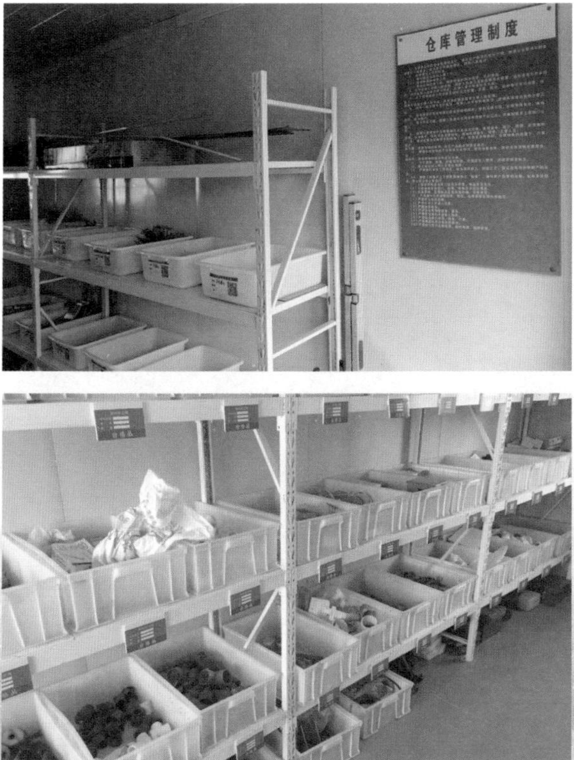

图 5-3　材料机具库房内部布置

500kV 及以上变电站工程应设置应急物资仓库（见图 5-4）。仓库应悬挂应急物资管理制度，应急物资应包含充电式应急灯、雨衣、应急爬梯、急救药、沙袋、潜水泵等设施。

为了您和家庭的幸福
请注意安全
注意安全
应急物资仓库

图 5-4　应急物资仓库

5.3 危险品仓库

危险品仓库屋面应采用轻型结构，门、窗向外开启，门下方设置通风口，上方设置透明观察口。各类危险品应标识清晰，库房外墙应悬挂危险品仓库安全管理制度、防火管理制度、危险品处置指示牌（应根据实际危险品种类进行设置）、安全警示标志牌等图牌，见图 5-5。

汽油的物理化学性质
灭火器的使用方法
一手握紧喷嘴，然后拔出保险销，喷嘴对准火源底部，按下压把，在距火源 1.5 米处方可喷射。
加工区
灭火器箱
同创安全工地
共享美好生活

图 5-5　危险品库房

5.4 砂石堆放场地

砂石堆放场地应按不同品种、规格分别堆放，上部采用可移动式防尘网覆盖，悬挂材料标识牌，见图 5-6。

图 5-6　砂石堆放场地

5.5 木工加工区

木工加工区宜采用封闭式工棚，入口处设置防尘门帘减少扬尘。加工区应设置设备操作规程牌、机械设备状态牌及相应安全警示标志牌，见图 5-7。

图 5-7　木工加工区

5.6 钢筋加工区

钢筋加工区宜采用可移动式工棚，方便钢筋调运。加工区应设置机械设备操作规程牌、机械设备状态牌及安全警示标志牌，见图 5-8。

图 5-8　钢筋加工区

加工场地旁设置原材料及半成品堆场，钢筋应分类堆放，不同型号或不同规格的钢筋应分别悬挂材料标识牌。钢筋堆放区见图 5-9。

图 5-9　钢筋堆放区

5.7 焊接加工区

焊接工作棚应采用防火材料搭设，焊接时应采用三面遮挡遮光棚，棚内应保持通风；加工区应设置机械设备操作规程牌、机械设备状态牌及安全警示标志牌，不得堆放易燃易爆物品，并应备有消防器材，见图5-10。

图 5-10　焊接加工区

5.8 混凝土搅拌站及水泥仓库

搅拌区宜在入口处设置防尘门帘，减少扬尘。搅拌站应设置机械设备操作规程牌、混凝土（砂浆）配合比标识牌及安全警示标志牌。搅拌机械安装需将轮胎卸下，固定牢靠且接地良好，搅拌站的料斗坑口应设置围栏及警示标牌。混凝土搅拌站及水泥仓库见图 5-11。

图 5-11　混凝土搅拌站及水泥仓库

在搅拌站旁设置水泥仓库，入口处设置防尘门帘。水泥仓库应悬挂仓库管理制度及材料标识牌，仓库内应用木板架空不小于 30cm，水泥堆放高度不宜超过 10 包，离开墙边至少 50cm。预拌砂浆搅拌站见图 5-12。

图 5-12 预拌砂浆搅拌站

PART 6
施工区域布置及要求

6.1 施工现场区域划分布置

站内道路两侧应设置钢管扣件组装式围栏或塑钢围栏，对各施工区域进行有效划分，并在醒目位置布置区域标志牌。每个施工区域应设置不少于 2 个施工通道，悬挂施工通道标识牌、安全警示标志牌。施工现场区域划分布置（见图 6-1）。

图 6-1 施工现场区域划分布置

6.2 安全隔离

应在施工作业区域与非施工作业区域之间、危险区域与人员活动区域之间、带电设备区域与施工区域之间、地下穿越入口和出口区域、设备材料堆放区域与施工区域之间使用安全围栏实施有效的隔离。安全围栏上应设置相应的安全警示标志。

6.2.1 钢管扣件组装式围栏

临空作业面（包括坠落高度 2m 及以上的基坑）及直径大于 1m 无盖板孔洞应设置钢管扣件组装式围栏，并悬挂安全警示标志牌。钢管扣件组装式围栏（见图 6-2）。

图 6-2　钢管扣件组装式围栏

6.2.2 门形组装式安全围栏

相对固定的施工区域、安全通道宜采用门形组装式安全围栏（见图 6-3），在同一方向上每隔 20m 至少设置一块安全警示标志牌。

图 6-3　门形组装式安全围栏

6.2.3 绝缘硬质围栏

带电设备区域与施工区域间应采用绝缘硬质围栏进行隔离，与带电设备及带电体之间满足施工安全距离要求，并设置安全警示标志牌。绝缘硬质围栏见图 6-4。

图 6-4　绝缘硬质围栏

6.2.4 提示遮栏

变电站内施工作业区域与非施工作业区域间划分、吊装作业区、坠落高度不足 2m 的基坑及电缆沟道宜采用提示遮栏进行隔离，并挂设安全警示标志牌。

6.3 孔洞防护

变电站内存在造成人员伤害或物品坠落伤人隐患的孔洞，应采用孔洞盖板实施有效防护。孔洞临时盖板边缘应大于孔洞边缘 100mm，并紧贴地面，下部设置限位装置。盖板上表面应有“孔洞盖板、严禁挪移”等安全警示标志（见图 6-5）。

图 6-5　孔洞防护

6.4 室内外电缆沟

变电站室内外电缆沟未铺设电缆沟盖板前，应采用安全围栏或临时盖板进行安全防护。临时盖板宜采用伸缩式临时盖板，盖板内支撑间距不得大于 8cm，铺设时盖板两端应至少覆盖电缆沟压顶宽度的二分之一。室外电缆沟每 50m 至少设置一处安全通道，并挂设安全警示标志牌。采用安全围栏防护的电缆沟和采用伸缩式临时盖板防护的电缆沟（见图 6-6 和图 6-7）。

图 6-6　采用安全围栏防护的电缆沟

图 6-7　采用伸缩式临时盖板防护的电缆沟

6.5 脚手架

6.5.1 脚手架搭拆

脚手架搭拆时，高处作业下方危险区内禁止人员停留或穿行，高处作业可能坠落范围半径外应设提示遮栏及安全警示标志牌；脚手架搭设时，应悬挂脚手架搭设牌；脚手架搭设完成后，应经监理验收合格并悬挂脚手架验收合格牌。脚手架搭设全景见图 6-8。

图 6-8 脚手架搭设全景

6.5.2 脚手架安全通道

脚手架安全通道搭设应满足相关规范要求，宽度宜为 3m，进深长度宜为 4m（24m 及以上的脚手架宜为 6m）。安全通道顶棚搭设应稳固，顶棚应设置两层钢管（上、下层十字型布设），间距宜为 600mm，钢管上采用竹笆或木工板铺设，应能有效防止高空坠物；顶棚上层四周应连续设置 900mm 高防护挡板（可采用竹笆或木工板），并设置相应安全警示标志。脚手架安全通道见图 6-9。

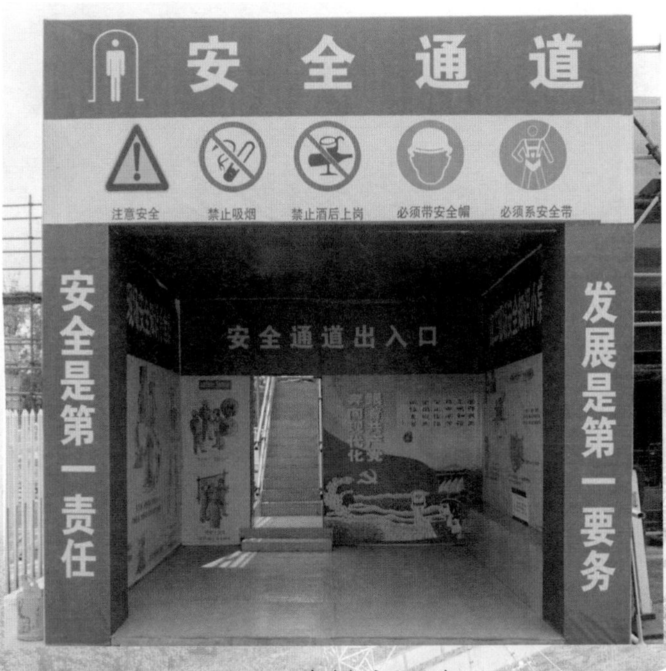

图 6-9　脚手架安全通道

高度大于 6m 的脚手架应采用之字型斜道，斜道拐弯处设置平台，宽度不小于斜道宽度。人行斜道坡度应不大于 1∶3，宽度 1m 为宜。脚手架人行斜道见图 6-10。

图 6-10　脚手架人行斜道

6.6 起重作业

6.6.1 塔式起重机施工

塔式起重机基础周围应设置高度 2m 的工具式防护栏围挡，并在塔吊高 3m 处设置防护棚。塔吊区域悬挂建筑起重机械准用证、“十不吊”规定、机械设备操作规程牌、设备概况牌、塔吊限载牌、安装验收合格牌、岗位责任牌等标牌，并在明显位置设置安全警示标志牌，见图 6-11。

图 6-11　塔式起重机施工作业场地

6.6.2 汽车（轮胎）起重机施工

汽车（轮胎）起重机适用于变电站内钢结构作业、构支架及电气设备吊装工作，吊装区域应采取安全围栏进行隔离，并设置安全警示标志牌，见图 6-12 和图 6-13。

图 6-12　钢结构吊装作业场地

图 6-13　构支架吊装作业场地

6.7 电气调试及试验区域布置

电气调试及试验时，应在调试、试验点的四周设置绝缘安全围栏，绝缘安全围栏至高压引线及带电部件的距离应满足安全距离要求，工作地点四周围栏上悬挂适当数量的“止步、高压危险！”安全警示标志牌，见图 6-14 和图 6-15。

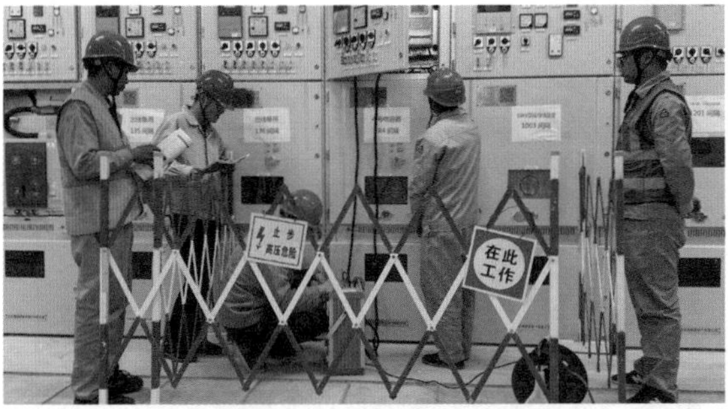

图 6-14　电气调试区域

图 6-15　电气试验区域

6.8 钢结构作业区域布置

钢结构高空作业时，应在屋檐檐口梁位置设置支承板，布设不低于1.5m 高的安全护栏，底部安装防坠落安全网，并应采用密目式安全立网全封闭。钢结构临边围护见图 6-16。

图 6-16　钢结构临边围护全景

钢构件组立完成后应搭设用于作业人员通行和应急撤离时的安全通道，保障人员通行安全。钢结构安全通道见图 6-17。

图 6-17　钢结构安全通道

6.9 现场临时材料、设备堆放区域

现场临时材料、设备堆放应定置区域堆（摆）放，设置安全围栏，并悬挂安全警示标志牌、材料 / 设备标识牌、机械设备状态牌。设备摆放应按照“先大后小，前整后零”的原则，底部用木方垫起，大型工具应一头见齐，并配备防雨、消防等设施。临时材料、设备堆放场地见图 6-18。

图 6-18　临时材料、设备堆放场地

6.10 标准工艺应用牌

各施工现场应根据不同区域施工内容设置相应的标准工艺应用牌，图牌推荐采用“二维码”形式，通过“扫一扫”可快速了解工艺流程、工艺标准及施工要点等内容，见图 6-19。

图 6-19　标准工艺应用牌

6.11 休息室和吸烟区

休息室和吸烟区大门应朝主干道，内部布置安全教育宣传漫画，门外设置明显标志。室内应设置椅子、饮水点、烟灰缸等设施，并配备一次性纸杯。休息室和吸烟区见图 6-20。

图 6-20　休息室和吸烟区

PART 7
临时用电布置及要求

施工用电设施按使用区域布置，分为办公区、生活区、加工区和施工区。

7.1 电源配电箱布置

7.1.1 总配电箱

总配电箱宜单独设置在配电箱用房中，总配电室应靠近电源布置，总配电箱以下可设若干分配电箱；总配电箱宜装设电压表、总电流表、电能表。总配电箱布置见图 7-1。

图 7-1　总配电箱布置

7.1.2 分配电箱

生活区、办公区、生产加工区、施工区各区应足额配备分配电箱，现场使用的塔吊应单独配备专用配电箱，分配电箱以下可设若干开关箱。分配电箱布置见图 7-2。

图 7-2　分配电箱布置

7.1.3 开关箱

加工区、施工现场应足额配备开关箱，分配电箱与开关箱的距离不得大于 30m，开关箱与其控制的固定式用电设备的水平距离不宜超过 3m，可采用户外落地安装的开关箱、固定式开关箱和移动式开关箱。户外落地安装的开关箱底部离地面不应小于 0.2m。户外落地式开关箱布置见图 7-3。

图 7-3　户外落地式开关箱布置

固定式开关箱中心与地面的垂直距离宜为 1.4 ~ 1.6m，见图 7-4。

图 7-4　固定式开关箱布置

移动式开关箱中心与地面的垂直距离宜为 0.8 ~ 1.6m，见图 7-5。

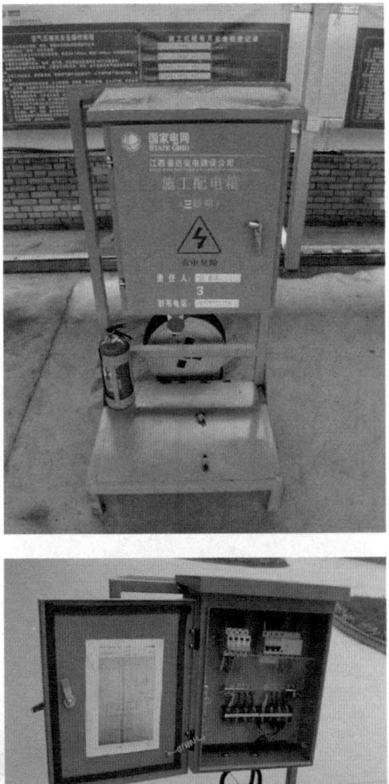

图 7-5　移动式开关箱布置

7.2 配电箱外部布置要求

配电箱宜采用塑钢材料设置安全围栏，高度为 1.8m，总配电箱及二级配电箱前应放置绝缘垫，附近配备干粉式灭火器。各级配电箱箱门正面标注“当心触电”警告标志及安全用电责任牌，载明配电箱编号、名称、用途、专业电工姓名、联系电话及证件。配电箱外部布置见图 7-6。

图 7-6　配电箱外部布置

7.3 配电箱内部布置要求

配电箱内应配有接线示意图、出线回路名称和定期检查表。电源线、重复接地线、保护零线应连接可靠，配电箱内母线不能有裸露现象，应加装透明保护罩，配电箱底部电缆进出口孔应进行防火封堵。配电箱内部布置见图 7-7。

图 7-7　配电箱内部布置

7.4 施工用电线路布设

电缆线路应采用直埋敷设，埋设深度不得小于 0.7m，在电缆紧邻上、下、左、右侧均匀敷设不小于 50mm 的细沙，并覆盖砖或混凝土板等硬质保护层。直埋电缆走向沿主道路或固定建筑物等的边缘直线埋设；埋设电缆路径应设方位标志，见图 7-8。

图 7-8　电缆路径方位标志

7.5 用电设施配置要求

7.5.1 便携式卷线盘

便携式卷线盘是用于施工现场小型工具及临时照明电源，见图 7-9。

图 7-9 便携式卷线盘

7.5.2 照明设施

施工作业区采用集中广式照明，局部照明采用移动立杆式灯架。

集中广式照明适用于施工现场集中广式照明，灯具一般采用防雨式，底部采用焊接或高强度螺栓连接，确保稳固可靠。灯塔应可靠接地，见图7-10。

图 7-10 集中广式照明灯塔

移动立杆式灯架可根据需要制作或购置，电缆绝缘良好，见图 7-11。

图 7-11　移动立杆式灯架

PART 8
消防设施布置及要求

办公区、生活区、加工区、易燃易爆物品、仓库、配电箱及重要机械设备附近，应按规定配备合格、有效的消防器材，并贴有定期检查标志、责任人铭牌、使用方法。其中办公区和生活区应足额配备手提式灭火器，灭火级别不小于 1A 的灭火器，单位灭火级别最大保护面积为 $100m^2/A$；厨房、加工区配备灭火器级别不小于 2A，单位灭火级别最大保护面积为 $75m^2/A$。固定动火作业场所配备灭火器级别不小于 3A，单位灭火级别最大保护面积为 $50m^2/A$。手提式灭火器见图 8-1。

图 8-1 手提式灭火器

易燃易爆物品存放及使用场所、危险品仓库足额配备手提式灭火器，灭火级别不小于 3A 的灭火器，单位灭火级别最大保护面积为 $50m^2/A$；存在液体和气体火灾可能的配备灭火级别不小于 89B 的灭火器，单位灭火级别最大保护面积为 $0.5m^2/B$，附近应配备消防沙箱、消防锹、消防桶等消防器材。危险品仓库消防器材布置见图 8-2，消防器材架见图 8-3。

图 8-2　危险品仓库消防器材布置

图 8-3　消防器材架

附录 图牌式样及制作要求

附录A 进站道路和大门区域

图牌名称	示例	尺寸要求
方位指示牌	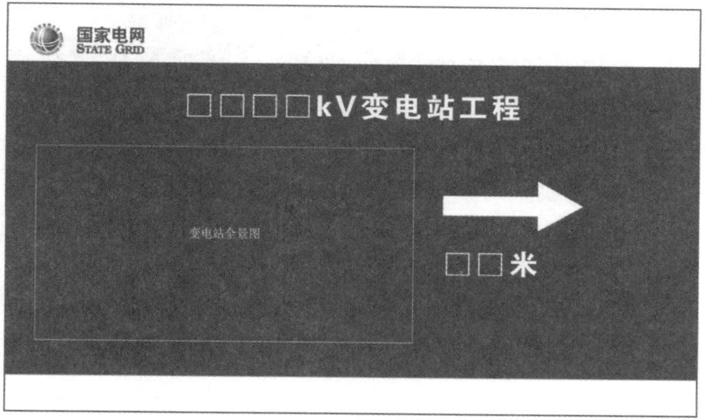	900mm × 1500mm

续表

图牌名称	示例	尺寸要求
工程项目概况牌		110kV 变电工程：900mm × 1500mm 220kV 变电工程：1200mm × 2000mm 500kV 及以上变电工程：1500mm × 2400mm

续表

图牌名称	示例	尺寸要求
工程项目管理目标牌	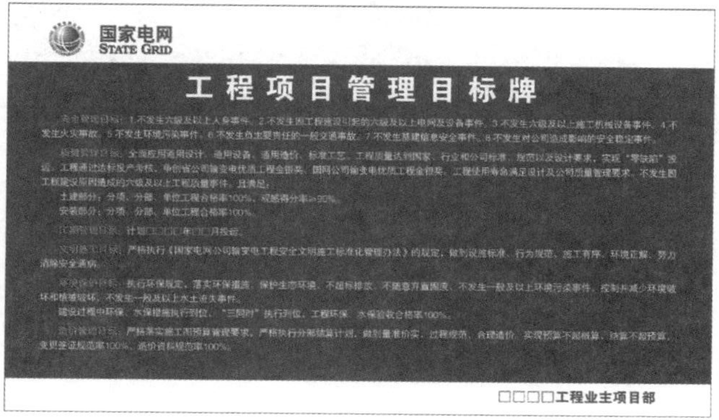	110kV 变电工程： 900mm × 1500mm 220kV 变电工程： 1200mm × 2000mm 500kV 及以上变电工程： 1500mm × 2400mm

续表

图牌名称	示例	尺寸要求
工程项目建设管理责任牌	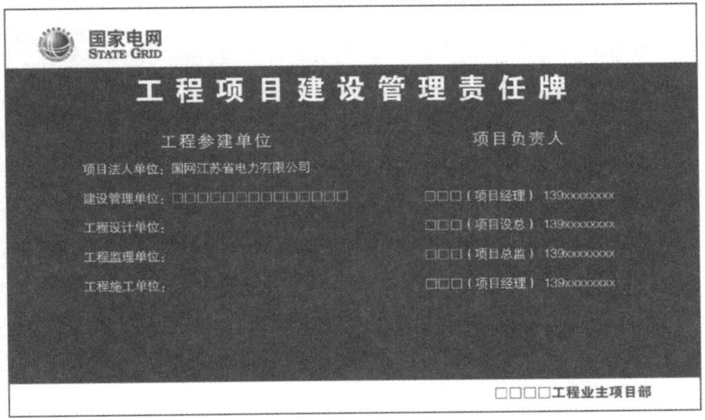	110kV 变电工程：900mm × 1500mm 220kV 变电工程：1200mm × 2000mm 500kV 及以上变电工程：1500mm × 2400mm

续表

图牌名称	示例	尺寸要求
安全文明施工纪律牌	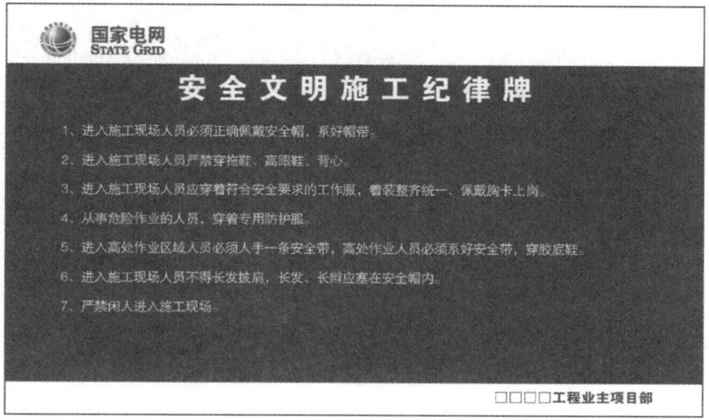国家电网 STATE GRID 安全文明施工纪律牌 1、进入施工现场人员必须正确佩戴安全帽，系好帽带。 2、进入施工现场人员严禁穿拖鞋、高跟鞋、背心。 3、进入施工现场人员应穿着符合安全要求的工作服，着装整齐统一、佩戴胸卡上岗。 4、从事危险作业的人员，穿着专用防护服。 5、进入高处作业区域人员必须人手一条安全带，高处作业人员必须系好安全带，穿胶底鞋。 6、进入施工现场人员不得长发披肩，长发、长辫应塞在安全帽内。 7、严禁闲人进入施工现场。 □□□□工程业主项目部	110kV 变电工程：900mm × 1500mm 220kV 变电工程：1200mm × 2000mm 500kV 及以上变电工程：1500mm × 2400mm

续表

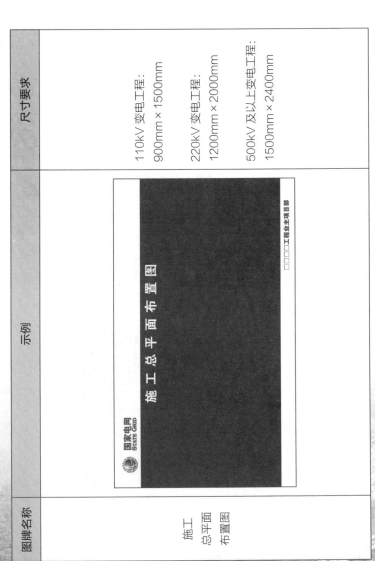

图牌名称	示例	尺寸要求
施工 总平面 布置图		110kV 变电工程： 900mm × 1500mm 220kV 变电工程： 1200mm × 2000mm 500kV 及以上变电工程： 1500mm × 2400mm

续表

图牌名称	示例	尺寸要求
三级及以上风险点分布示意图	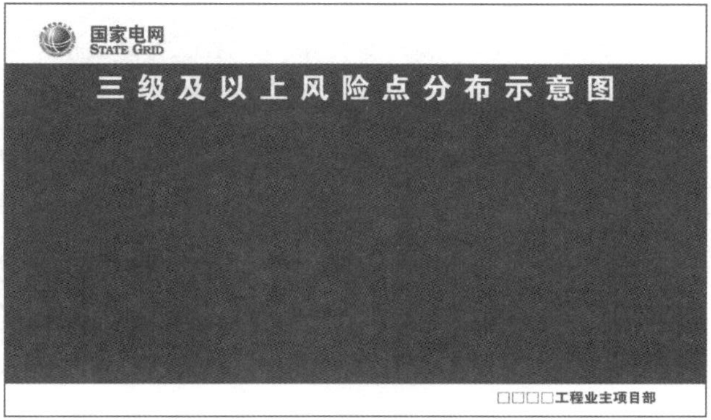	110kV 变电工程： 900mm×1500mm 220kV 变电工程： 1200mm×2000mm 500kV 及以上变电工程： 1500mm×2400mm

续表

图牌名称	示例	尺寸要求
作业层班组骨干人员公示牌	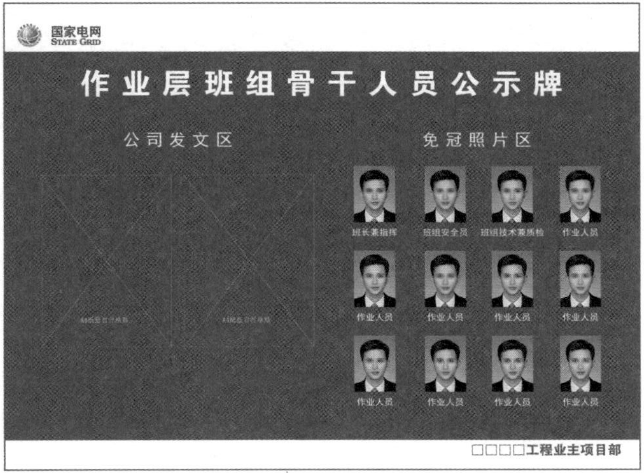	220kV 及以下变电工程：900 mm × 1200mm 500kV 及以上变电工程：1500 mm × 2400mm

续表

图牌名称	示例	尺寸要求
核心分包队伍及核心分包人员公示牌	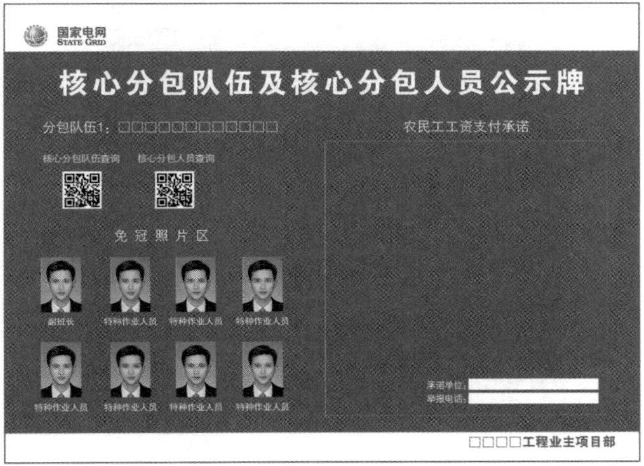	220kV 及以下变电工程：900mm × 1200mm 500kV 及以上变电工程：1500 mm × 2400mm

续表

图牌名称	示例	尺寸要求
生产作业现场“十不干”	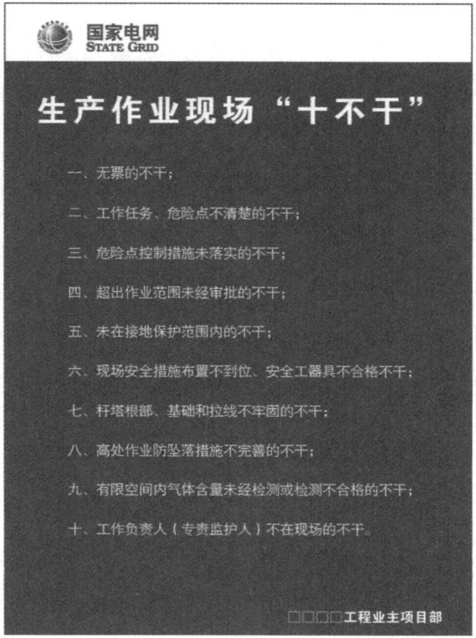国家电网 STATE GRID 生产作业现场“十不干” 一、无票的不干； 二、工作任务、危险点不清楚的不干； 三、危险点控制措施未落实的不干； 四、超出作业范围未经审批的不干； 五、未在接地保护范围内的不干； 六、现场安全措施布置不到位、安全工器具不合格不干； 七、杆塔根部、基础和拉线不牢固的不干； 八、高处作业防坠落措施不完善的不干； 九、有限空间内气体含量未经检测或检测不合格的不干； 十、工作负责人（专责监护人）不在现场的不干。 □□□□工程业主项目部	900 mm × 600mm

续表

图牌名称	示例	尺寸要求
应急联络牌	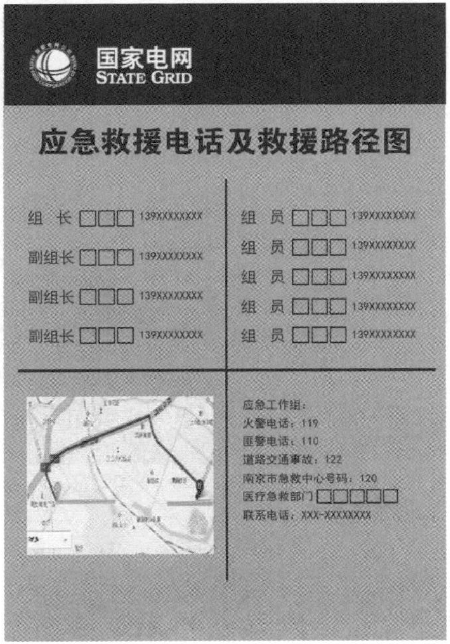国家电网
STATE GRID
应急救援电话及救援路径图
组　长 □□□ 139XXXXXXXX
副组长 □□□ 139XXXXXXXX
副组长 □□□ 139XXXXXXXX
副组长 □□□ 139XXXXXXXX
组　员 □□□ 139XXXXXXXX
组　员 □□□ 139XXXXXXXX
组　员 □□□ 139XXXXXXXX
组　员 □□□ 139XXXXXXXX
组　员 □□□ 139XXXXXXXX
应急工作组：
火警电话：119
匪警电话：110
道路交通事故：122
南京市急救中心号码：120
医疗急救部门□□□□□
联系电话：XXX-XXXXXXXX	900mm×600mm

续表

图牌名称	示例	尺寸要求
门卫值守管理制度	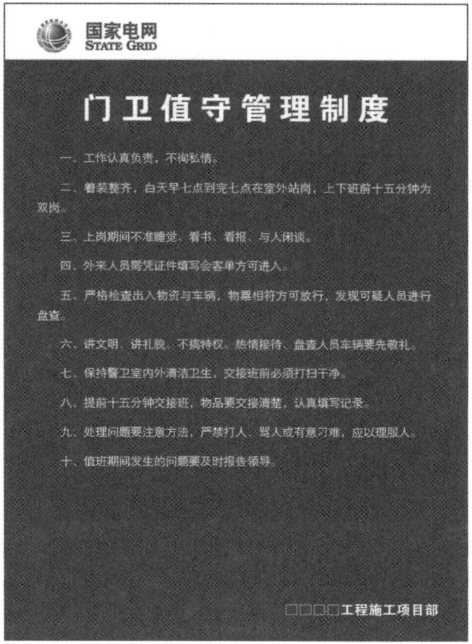国家电网 STATE GRID 门卫值守管理制度 一、工作认真负责，不徇私情。 二、着装整齐，白天早七点到完七点在室外站岗，上下班前十五分钟为双岗。 三、上岗期间不准睡觉、看书、看报、与人闲谈。 四、外来人员需凭证件填写会客单方可进入。 五、严格检查出入物资与车辆，物票相符方可放行，发现可疑人员进行盘查。 六、讲文明、讲礼貌、不搞特权、热情接待、盘查人员车辆要先敬礼。 七、保持警卫室内外清洁卫生，交接班前必须打扫干净。 八、提前十五分钟交接班，物品要交接清楚，认真填写记录。 九、处理问题要注意方法，严禁打人、骂人或有意刁难，应以理服人。 十、值班期间发生的问题要及时报告领导。 □□□□工程施工项目部	900 mm × 600mm

续表

图牌名称	示例	尺寸要求
个人安全防护用品指示牌	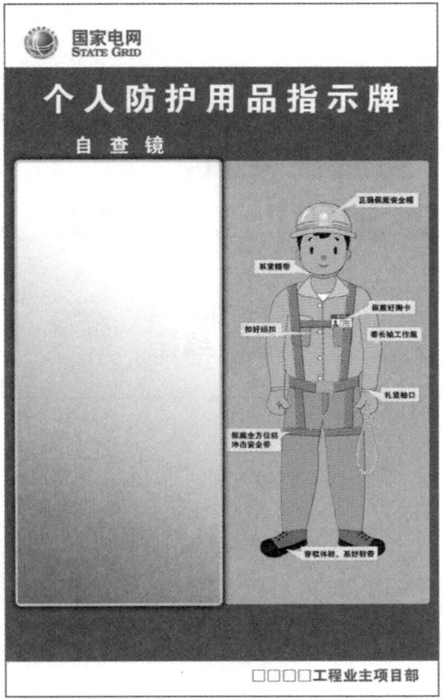国家电网 STATE GRID 个人防护用品指示牌 自查镜 正确佩戴安全帽 佩戴好胸卡 扣好纽扣 扎紧袖口 佩戴全方位防冲击安全带 穿软体鞋，系好鞋带 □□□□工程业主项目部	1500mm × 900mm

分类	图牌名称	示例	尺寸要求
项目部	项目管理部铭牌	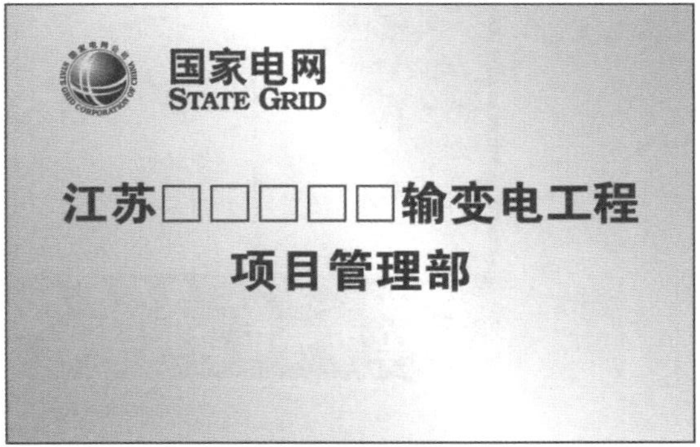	400mm×600mm

续表

分类	图牌名称	示例	尺寸要求
会议室图牌	安全文明施工组织机构图	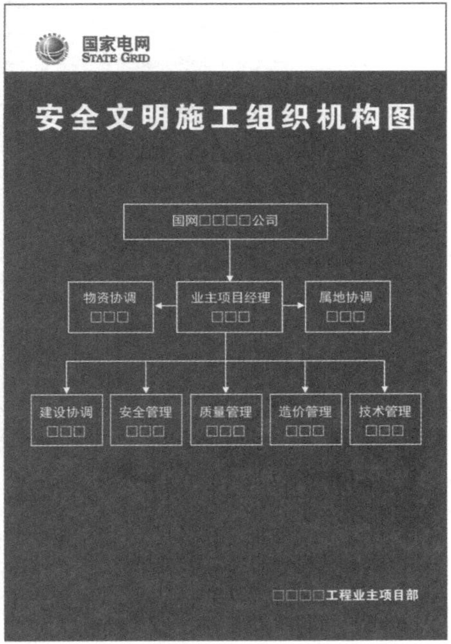国家电网 STATE GRID 安全文明施工组织机构图 国网□□□□公司 物资协调 □□□ 业主项目经理 □□□ 属地协调 □□□ 建设协调 □□□ 安全管理 □□□ 质量管理 □□□ 造价管理 □□□ 技术管理 □□□ □□□□工程业主项目部	900mm×600mm

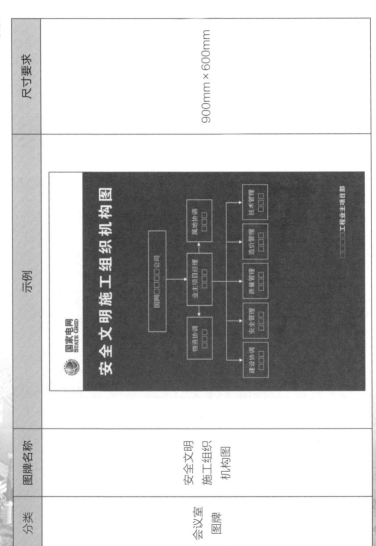

续表

分类	图牌名称	示例	尺寸要求
会议室图牌	工程项目管理目标牌	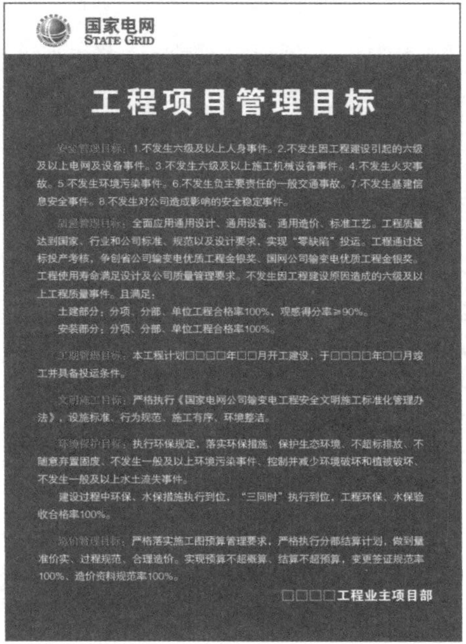国家电网 STATE GRID 工程项目管理目标 1.不发生六级及以上人身事件。2.不发生因工程建设引起的六级及以上电网及设备事件。3.不发生六级及以上施工机械设备事件。4.不发生火灾事故。5.不发生环境污染事件。6.不发生负主要责任的一般交通事故。7.不发生基建信息安全事件。8.不发生对公司造成影响的安全稳定事件。 全面应用通用设计、通用设备、通用造价、标准工艺。工程质量达到国家、行业和公司标准、规范以及设计要求，实现“零缺陷”投运。工程通过达标投产考核，争创省公司输变电优质工程金银奖、国网公司输变电优质工程金银奖。工程使用寿命满足设计及公司质量管理要求。不发生因工程建设原因造成的六级及以上工程质量事件。且满足： 土建部分：分项、分部、单位工程合格率100%，观感得分率≥90%。 安装部分：分项、分部、单位工程合格率100%。 本工程计划□□□□年□□月开工建设，于□□□□年□□月竣工并具备投运条件。 严格执行《国家电网公司输变电工程安全文明施工标准化管理办法》，设施标准、行为规范、施工有序、环境整洁。 执行环保规定，落实环保措施、保护生态环境、不超标排放、不随意弃置固废、不发生一般及以上环境污染事件、控制并减少环境破坏和植被破坏、不发生一般及以上水土流失事件。 建设过程中环保、水保措施执行到位，“三同时”执行到位，工程环保、水保验收合格率100%。 严格落实施工图预算管理要求，严格执行分部结算计划，做到量准价实、过程规范、合理造价。实现预算不超概算、结算不超预算，变更签证规范率100%、造价资料规范率100%。 □□□□工程业主项目部	900mm×600mm

续表

分类	图牌名称	示例	尺寸要求
会议室图牌	工程施工进度横道图		900mm × 1500mm

续表

分类	图牌名称	示例	尺寸要求
会议室图牌	应急联络牌	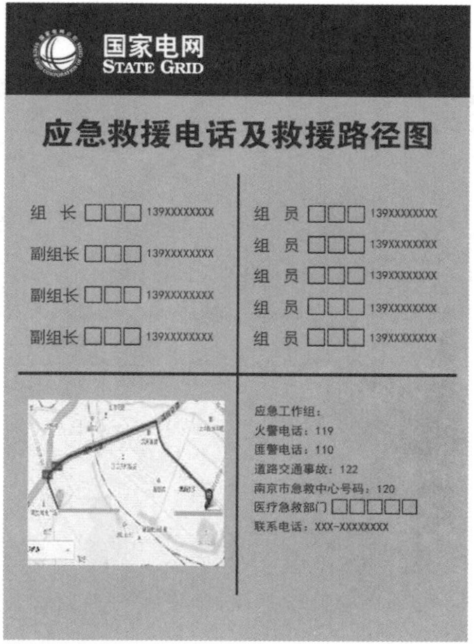	900mm × 600mm

续表

分类	图牌名称	示例	尺寸要求
会议室图牌	工程亮点展示牌		900mm × 1500mm

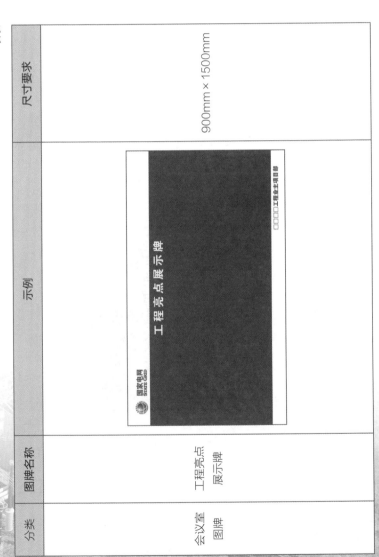

续表

分类	图牌名称	示例	尺寸要求
会议室图牌	变电站效果图		900mm×1500mm

续表

分类	图牌名称	示例	尺寸要求
业主办公室图牌	业主项目部铭牌		400mm×600mm

续表

分类	图牌名称	示例	尺寸要求
业主办公室图牌	业主项目部岗位责任牌	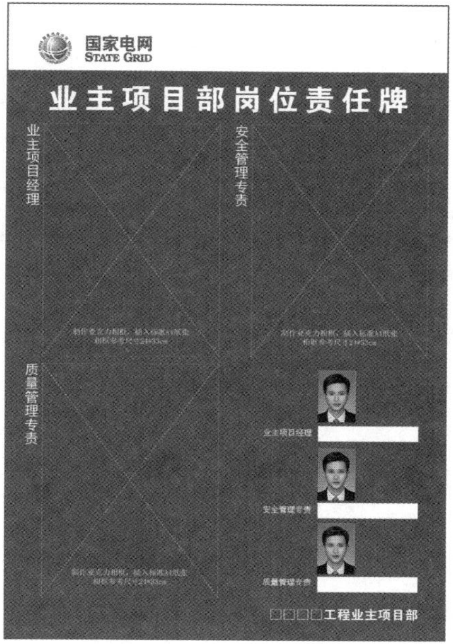	900mm×600mm

续表

分类	图牌名称	示例	尺寸要求
业主办公室图牌	业主项目部组织机构牌	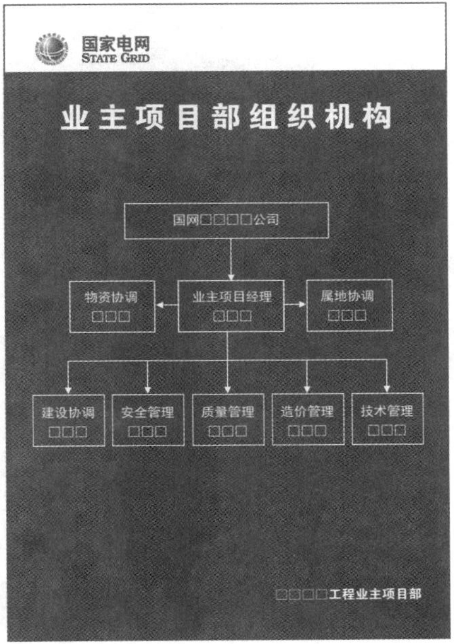	900mm×600mm

续表

分类	图牌名称	示例	尺寸要求
业主办公室图牌	安全生产委员会牌	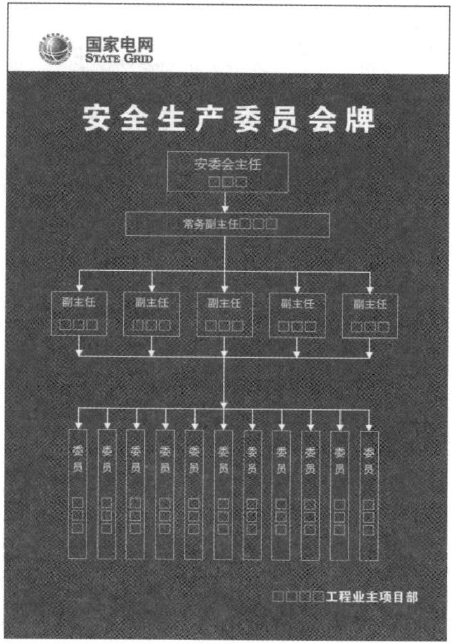国家电网 STATE GRID 安全生产委员会牌 安委会主任 □□□ 常务副主任□□□ 副主任 □□□ 副主任 □□□ 副主任 □□□ 副主任 □□□ 副主任 □□□ 委员 □□□ □□□□工程业主项目部	900mm×600mm

续表

分类	图牌名称	示例	尺寸要求
业主办公室图牌	应急联络牌	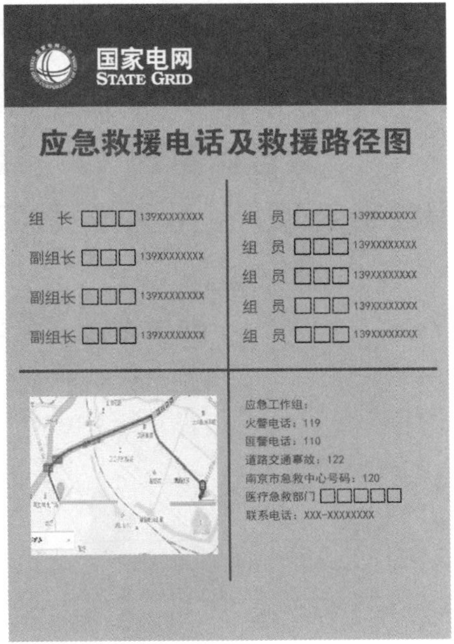	900mm×600mm

续表

分类	图牌名称	示例	尺寸要求
监理办公室图牌	监理项目部铭牌		400mm×600mm

续表

分类	图牌名称	示例	尺寸要求
监理办公室图牌	工程项目监理目标牌	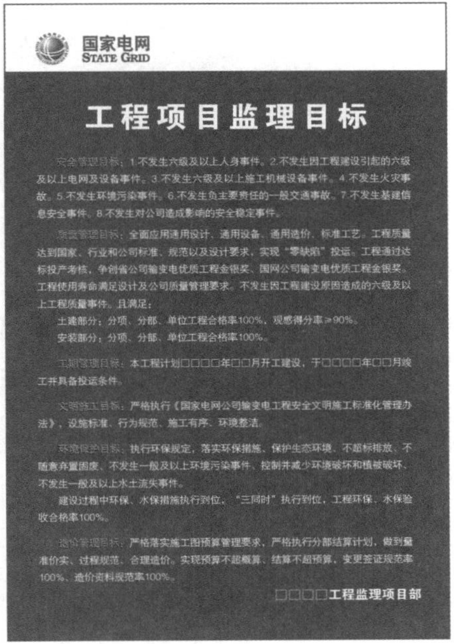	900mm×600mm

续表

分类	图牌名称	示例	尺寸要求
监理 办公室 图牌	监理人员 岗位责任牌	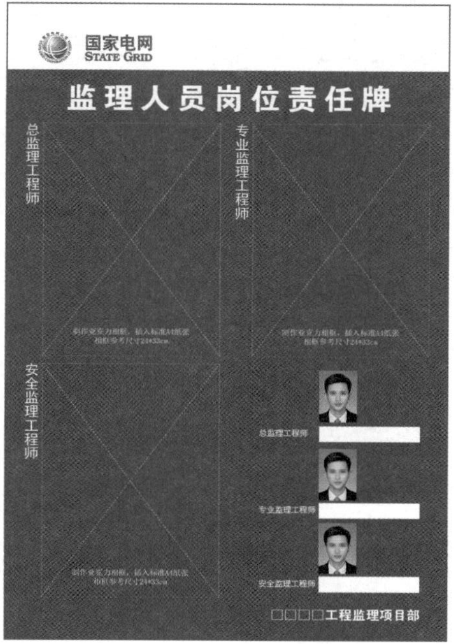国家电网 STATE GRID 监理人员岗位责任牌 总监理工程师 专业监理工程师 安全监理工程师 总监理工程师 专业监理工程师 安全监理工程师 □□□□工程监理项目部	900mm × 600mm

续表

分类	图牌名称	示例	尺寸要求
监理办公室图牌	监理项目部组织机构图	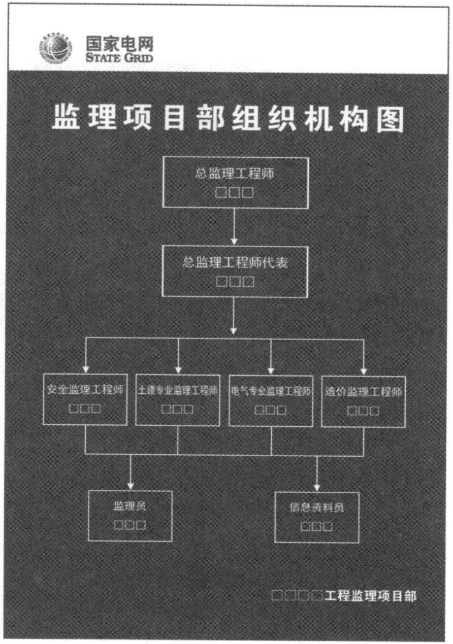	900mm×600mm

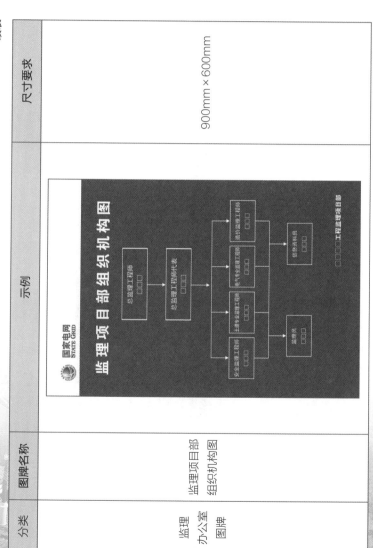

续表

分类	图牌名称	示例	尺寸要求
监理办公室图牌	三级及以上施工现场风险管控公示牌		1200 mm × 1800 mm

续表

分类	图牌名称	示例	尺寸要求
施工办公室图牌	施工项目部铭牌	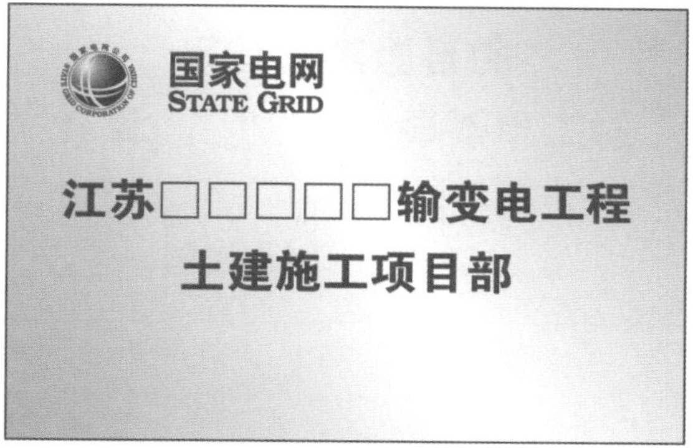	400mm×600mm

续表

分类	图牌名称	示例	尺寸要求
施工 办公室 图牌	施工 项目部 铭牌		400mm×600mm

续表

分类	图牌名称	示例	尺寸要求
施工办公室图牌	施工项目部岗位责任牌		900mm×600mm

续表

分类	图牌名称	示例	尺寸要求
施工办公室图牌	施工项目部组织机构图	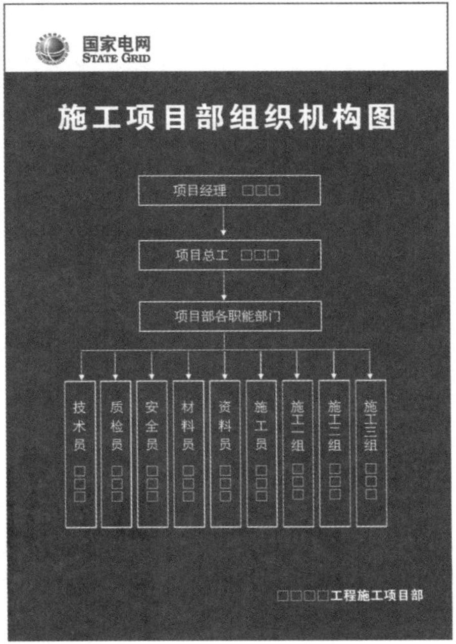	900mm×600mm

续表

<table>
<tr><th>分类</th><th>图牌名称</th><th>示例</th><th>尺寸要求</th></tr>
<tr><td>施工
办公室
图牌</td><td>工程项目
施工管理
目标牌</td><td>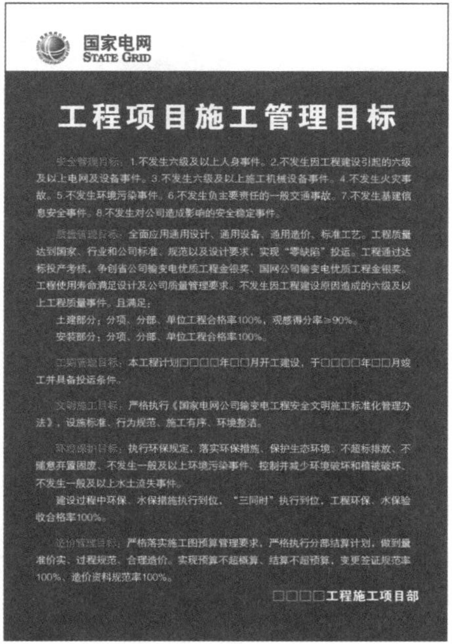
</td><td>900mm × 600mm</td></tr>
</table>

续表

分类	图牌名称	示例	尺寸要求
施工办公室图牌	工程施工进度横道图	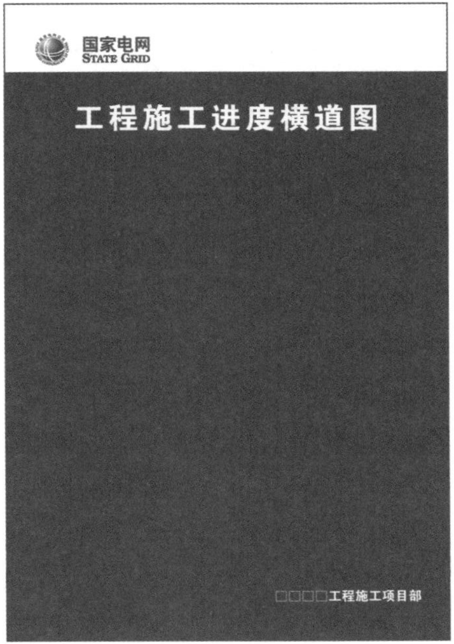	900mm×600mm

续表

分类	图牌名称	示例	尺寸要求
施工办公室图牌	作业层班组骨干岗位责任牌	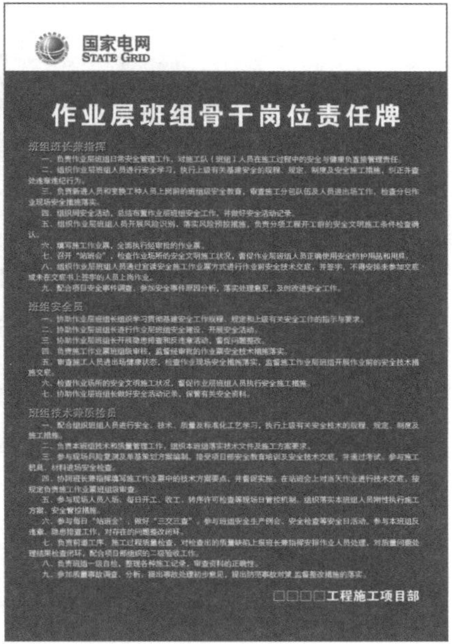	900mm×600mm

续表

分类	图牌名称	示例	尺寸要求
施工办公室图牌	治安消防管理网络	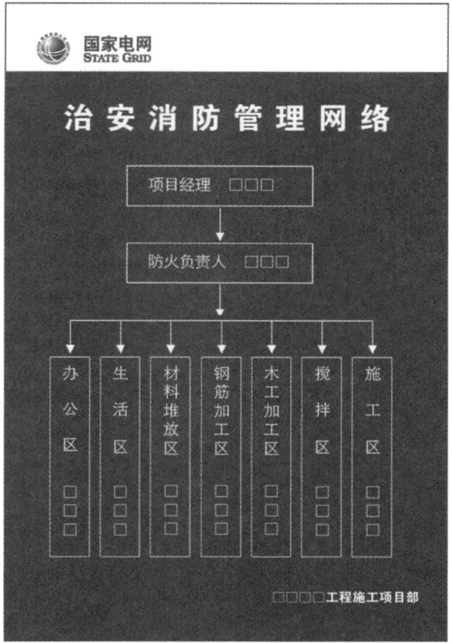 国家电网 STATE GRID 治安消防管理网络 项目经理 □□□ 防火负责人 □□□ 办公区 □□□ 生活区 □□□ 材料堆放区 □□□ 钢筋加工区 □□□ 木工加工区 □□□ 搅拌区 □□□ 施工区 □□□ □□□□工程施工项目部	900mm×600mm

续表

分类	图牌名称	示例	尺寸要求
施工办公室图牌	三级及以上施工现场风险管控公示牌		1200mm × 1800mm

续表

分类	图牌名称	示例	尺寸要求
资料室图牌	信息资料员岗位责任牌	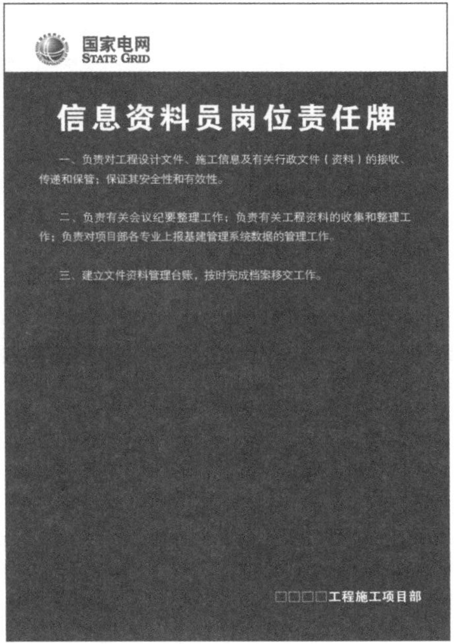国家电网 STATE GRID 信息资料员岗位责任牌 一、负责对工程设计文件、施工信息及有关行政文件（资料）的接收、传递和保管；保证其安全性和有效性。 二、负责有关会议纪要整理工作；负责有关工程资料的收集和整理工作；负责对项目部各专业上报基建管理系统数据的管理工作。 三、建立文件资料管理台账，按时完成档案移交工作。 □□□□工程施工项目部	900mm×600mm

续表

分类	图牌名称	示例	尺寸要求
资料室图牌	档案资料管理制度牌	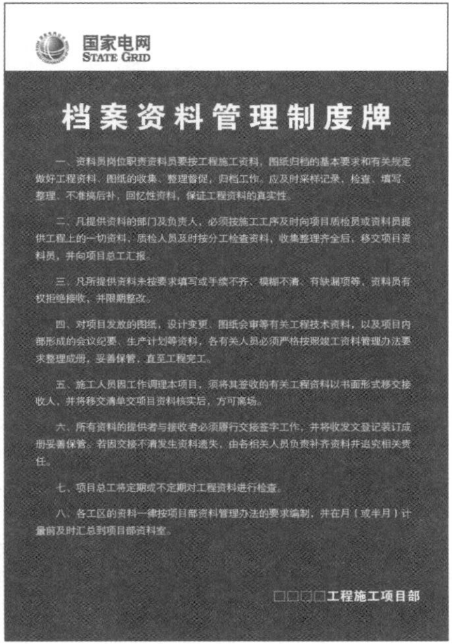国家电网 STATE GRID 档案资料管理制度牌 一、资料员岗位职责资料员要按工程施工资料，图纸归档的基本要求和有关规定做好工程资料、图纸的收集、整理督促，归档工作。应及时采样记录、检查、填写、整理，不准搞后补，回忆性资料，保证工程资料的真实性。 二、凡提供资料的部门及负责人，必须按施工工序及时向项目质检员或资料员提供工程上的一切资料，质检人员及时按分工检查资料，收集整理齐全后，移交项目资料员，并向项目总工汇报。 三、凡所提供资料未按要求填写或手续不齐、模糊不清、有缺漏项等，资料员有权拒绝接收，并限期整改。 四、对项目发放的图纸，设计变更、图纸会审等有关工程技术资料，以及项目内部形成的会议纪要、生产计划等资料，各有关人员必须严格按照竣工资料管理办法要求整理成册，妥善保管，直至工程完工。 五、施工人员因工作调理本项目，须将其签收的有关工程资料以书面形式移交接收人，并将移交清单交项目资料核实后，方可离场。 六、所有资料的提供者与接收者必须履行交接签字工作，并将收发文登记装订成册妥善保管。若因交接不清发生资料遗失，由各相关人员负责补齐资料并追究相关责任。 七、项目总工将定期或不定期对工程资料进行检查。 八、各工区的资料一律按项目部资料管理办法的要求编制，并在月（或半月）计量前及时汇总到项目部资料室。 □□□□工程施工项目部	900mm×600mm

续表

分类	图牌名称	示例	尺寸要求
党员活动室图牌	党支部组织机构和公告公示图板	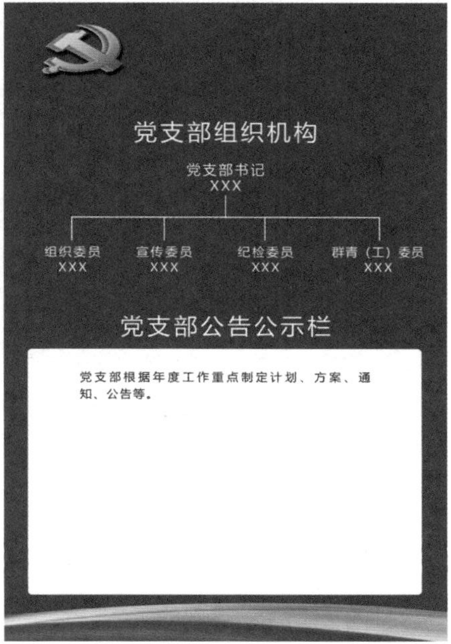	800mm × 1200mm

续表

分类	图牌名称	示例	尺寸要求
党员活动室图牌	综合图板	党员必须履行下列义务： 不忘初心 牢记使命 入党誓词 我志愿加入中国共产党，拥护党的纲领，遵守党的章程，履行党员义务，执行党的决定，严守党的纪律，保守党的秘密，对党忠诚，积极工作，为共产主义奋斗终身，随时准备为党和人民牺牲一切，永不叛党。 新时代党的建设总要求 党员享有下列权利：	1000mm×1200mm

图牌名称	示例	尺寸要求
厕所卫生 管理制度牌	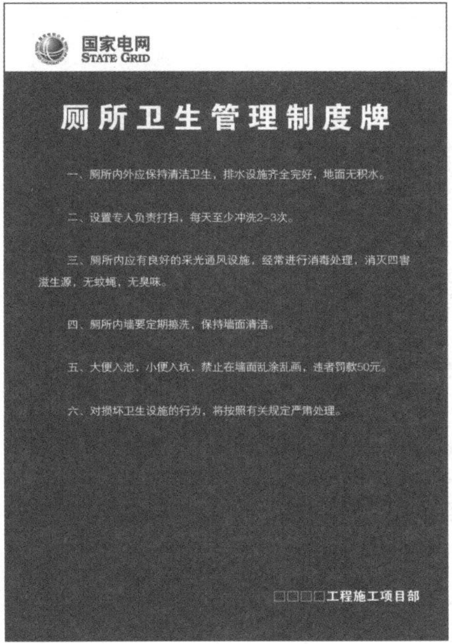国家电网 STATE GRID 厕所卫生管理制度牌 一、厕所内外应保持清洁卫生，排水设施齐全完好，地面无积水。 二、设置专人负责打扫，每天至少冲洗2–3次。 三、厕所内应有良好的采光通风设施，经常进行消毒处理，消灭四害滋生源，无蚊蝇，无臭味。 四、厕所内墙要定期擦洗，保持墙面清洁。 五、大便入池，小便入坑，禁止在墙面乱涂乱画，违者罚款50元。 六、对损坏卫生设施的行为，将按照有关规定严肃处理。 □□□□工程施工项目部	900mm × 600mm

续表

图牌名称	示例	尺寸要求
宿舍管理制度牌	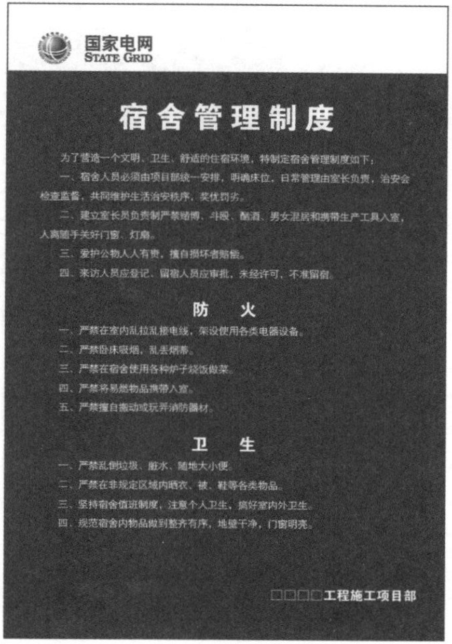国家电网 STATE GRID 宿舍管理制度 为了营造一个文明、卫生、舒适的住宿环境，特制定宿舍管理制度如下： 一、宿舍人员必须由项目部统一安排，明确床位，日常管理由室长负责，治安会检查监督，共同维护生活治安秩序，奖优罚劣。 二、建立室长员负责制严禁赌博、斗殴、酗酒、男女混居和携带生产工具入室，人离随手关好门窗、灯扇。 三、爱护公物人人有责，擅自损坏者赔偿。 四、来访人员应登记、留宿人员应审批，未经许可，不准留宿。 防　火 一、严禁在室内乱拉乱接电线，架设使用各类电器设备。 二、严禁卧床吸烟，乱丢烟蒂。 三、严禁在宿舍使用各种炉子烧饭做菜。 四、严禁将易燃物品携带入室。 五、严禁擅自搬动或玩弄消防器材。 卫　生 一、严禁乱倒垃圾、脏水、随地大小便。 二、严禁在非规定区域内晒衣、被、鞋等各类物品。 三、坚持宿舍值班制度，注意个人卫生，搞好室内外卫生。 四、规范宿舍内物品做到整齐有序，地壁干净，门窗明亮。 □□□□工程施工项目部	900mm×600mm

续表

图牌名称	示例	尺寸要求
燃气防护安全措施牌	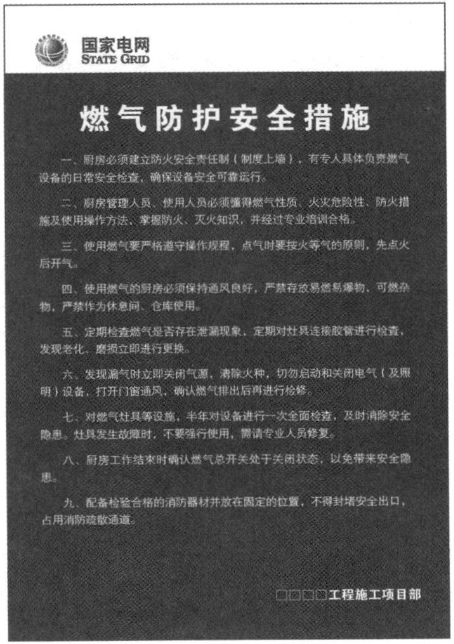国家电网 STATE GRID 燃气防护安全措施 一、厨房必须建立防火安全责任制（制度上墙），有专人具体负责燃气设备的日常安全检查，确保设备安全可靠运行。 二、厨房管理人员、使用人员必须懂得燃气性质、火灾危险性、防火措施及使用操作方法，掌握防火、灭火知识，并经过专业培训合格。 三、使用燃气要严格遵守操作规程，点气时要按火等气的原则，先点火后开气。 四、使用燃气的厨房必须保持通风良好，严禁存放易燃易爆物、可燃杂物，严禁作为休息间、仓库使用。 五、定期检查燃气是否存在泄漏现象、定期对灶具连接胶管进行检查，发现老化、磨损立即进行更换。 六、发现漏气时立即关闭气源、清除火种，切勿启动和关闭电气（及照明）设备，打开门窗通风，确认燃气排出后再进行检修。 七、对燃气灶具等设施，半年对设备进行一次全面检查，及时消除安全隐患。灶具发生故障时，不要强行使用，需请专业人员修复。 八、厨房工作结束时确认燃气总开关处于关闭状态，以免带来安全隐患。 九、配备检验合格的消防器材并放在固定的位置，不得封堵安全出口，占用消防疏散通道。 □□□□工程施工项目部	900mm × 600mm

续表

图牌名称	示例	尺寸要求
食堂管理制度牌	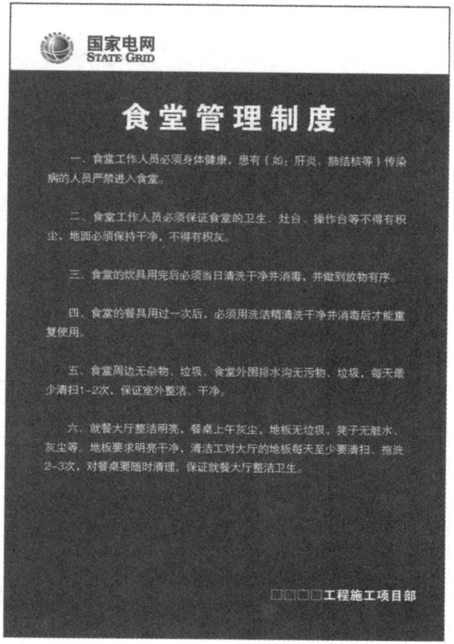国家电网 STATE GRID 食堂管理制度 一、食堂工作人员必须身体健康，患有（如：肝炎、肺结核等）传染病的人员严禁进入食堂。 二、食堂工作人员必须保证食堂的卫生、灶台、操作台等不得有积尘，地面必须保持干净，不得有积灰。 三、食堂的炊具用完后必须当日清洗干净并消毒，并做到放物有序。 四、食堂的餐具用过一次后，必须用洗洁精清洗干净并消毒后才能重复使用。 五、食堂周边无杂物、垃圾、食堂外围排水沟无污物、垃圾，每天最少清扫1-2次，保证室外整洁、干净。 六、就餐大厅整洁明亮，餐桌上午灰尘，地板无垃圾，凳子无脏水、灰尘等。地板要求明亮干净，清洁工对大厅的地板每天至少要清扫、拖洗2-3次，对餐桌要随时清理，保证就餐大厅整洁卫生。 □□□□工程施工项目部	900mm×600mm

续表

图牌名称	示例	尺寸要求
食堂防火制度牌	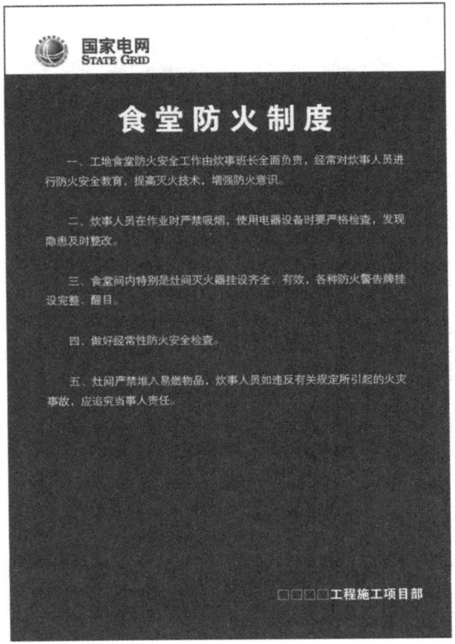国家电网 STATE GRID 食堂防火制度 一、工地食堂防火安全工作由炊事班长全面负责，经常对炊事人员进行防火安全教育，提高灭火技术，增强防火意识。 二、炊事人员在作业时严禁吸烟，使用电器设备时要严格检查，发现隐患及时整改。 三、食堂间内特别是灶间灭火器挂设齐全、有效，各种防火警告牌挂设完整、醒目。 四、做好经常性防火安全检查。 五、灶间严禁堆入易燃物品，炊事人员如违反有关规定所引起的火灾事故，应追究当事人责任。 □□□□工程施工项目部	900mm × 600mm

续表

图牌名称	示例	尺寸要求
食堂文明卫生制度牌	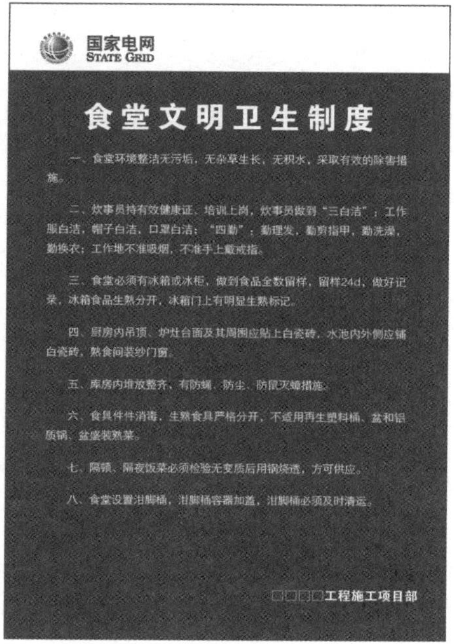国家电网 STATE GRID 食堂文明卫生制度 一、食堂环境整洁无污垢，无杂草生长，无积水，采取有效的除害措施。 二、炊事员持有效健康证、培训上岗，炊事员做到“三白洁”：工作服白洁，帽子白洁，口罩白洁；“四勤”：勤理发，勤剪指甲，勤洗澡，勤换衣；工作地不准吸烟，不准手上戴戒指。 三、食堂必须有冰箱或冰柜，做到食品全数留样，留样24d，做好记录，冰箱食品生熟分开，冰箱门上有明显生熟标记。 四、厨房内吊顶、炉灶台面及其周围应贴上白瓷砖，水池内外侧应铺白瓷砖，熟食间装纱门窗。 五、库房内堆放整齐，有防蝇、防尘、防鼠灭蟑措施。 六、食具件件消毒，生熟食具严格分开，不适用再生塑料桶、盆和铝质锅、盆盛装熟菜。 七、隔顿、隔夜饭菜必须检验无变质后用锅烧透，方可供应。 八、食堂设置泔脚桶，泔脚桶容器加盖，泔脚桶必须及时清运。 □□□□工程施工项目部	900mm × 600mm

续表

图牌名称	示例	尺寸要求
炊事人员健康证公示牌		900mm × 600mm

附录D 生产加工区域

<table>
<tr><th>图牌名称</th><th>示例</th><th>尺寸要求</th></tr>
<tr><td>仓库管理制度</td><td>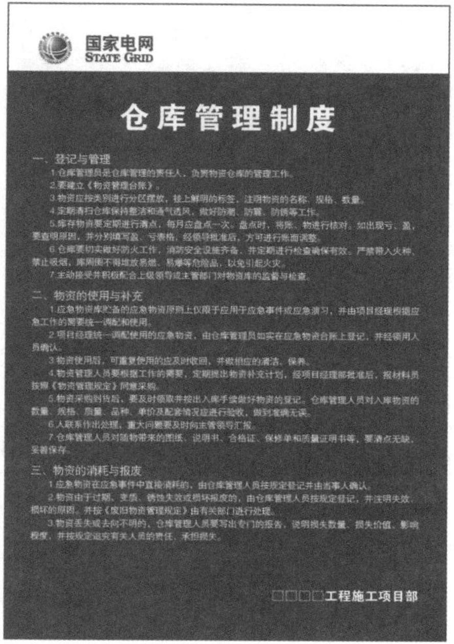
国家电网
STATE GRID
仓库管理制度
一、登记与管理
1.仓库管理员是仓库管理的责任人，负责物资仓库的管理工作。
2.要建立《物资管理台账》。
3.物资应按类别进行分区摆放，挂上鲜明的标签，注明物资的名称、规格、数量。
4.定期清扫仓库保持整洁和通气透风，做好防潮、防霉、防锈等工作。
5.库存物资要定期进行清点，每月应盘点一次。盘点时，将账、物进行核对，如出现亏、盈，要查明原因，并分别填写盈、亏表格，经领导批准后，方可进行账面调整。
6.仓库要切实做好防火工作，消防安全设施齐备，并定期进行检查确保有效。严禁带入火种，禁止吸烟，库周围不得堆放易燃、易爆等危险品，以免引起火灾。
7.主动接受并积极配合上级领导或主管部门对物资库的监督与检查。
二、物资的使用与补充
1.应急物资库贮备的应急物资原则上仅限于应用于应急事件或应急演习，并由项目经理根据应急工作的需要统一调配和使用。
2.项目经理统一调配使用的应急物资，由仓库管理员如实在应急物资台账上登记，并经领用人员确认。
3.物资使用后，可重复使用的应及时收回，并做相应的清洁、保养。
4.物资管理人员要根据工作的需要，定期提出物资补充计划，经项目经理部批准后，报材料员按照《物资管理规定》间隔采购。
5.物资采购到货后，要及时领取并按出入库手续做好物资的登记。仓库管理人员对入库物资的数量、规格、质量、品种、单价及配套情况应进行验收，做到准确无误。
6.人联系作出处理，重大问题要及时向主管领导汇报。
7.仓库管理人员对随物带来的图纸、说明书、合格证、保修单和质量证明书等，要清点无缺，妥善保存。
三、物资的消耗与报废
1.应急物资在应急事件中直接消耗的，由仓库管理人员按规定登记并由当事人确认。
2.物资由于过期、变质、锈蚀失效或损坏报废的，由仓库管理人员按规定登记，并注明失效、损坏的原因，并按《废旧物资管理规定》由有关部门进行处理。
3.物资丢失或去向不明的，仓库管理人员要写出专门的报告，说明损失数量、损失价值、影响程度，并按规定追究有关人员的责任，承担损失。
□□□□工程施工项目部</td><td>900mm×600mm</td></tr>
</table>

续表

图牌名称	示例	尺寸要求
材料员岗位责任牌	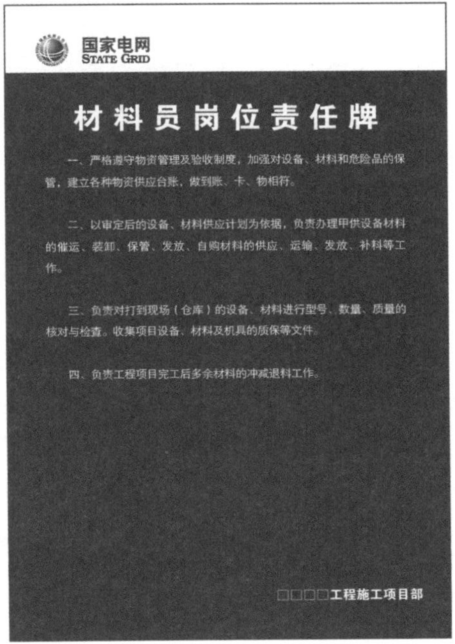国家电网 STATE GRID 材料员岗位责任牌 一、严格遵守物资管理及验收制度，加强对设备、材料和危险品的保管，建立各种物资供应台账，做到账、卡、物相符。 二、以审定后的设备、材料供应计划为依据，负责办理甲供设备材料的催运、装卸、保管、发放、自购材料的供应、运输、发放、补料等工作。 三、负责对打到现场（仓库）的设备、材料进行型号、数量、质量的核对与检查。收集项目设备、材料及机具的质保等文件。 四、负责工程项目完工后多余材料的冲减退料工作。 □□□□工程施工项目部	900mm × 600mm

续表

图牌名称	示例	尺寸要求
应急物资管理制度	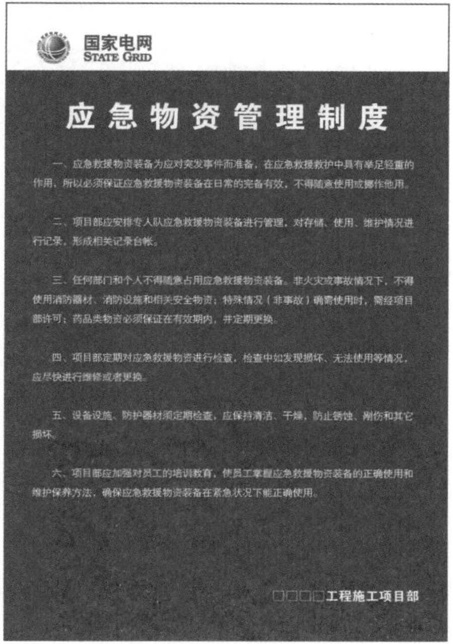国家电网 STATE GRID 应急物资管理制度 一、应急救援物资装备为应对突发事件而准备，在应急救援救护中具有举足轻重的作用，所以必须保证应急救援物资装备在日常的完备有效，不得随意使用或挪作他用。 二、项目部应安排专人队应急救援物资装备进行管理，对存储、使用、维护情况进行记录，形成相关记录台帐。 三、任何部门和个人不得随意占用应急救援物资装备。非火灾或事故情况下，不得使用消防器材、消防设施和相关安全物资；特殊情况（非事故）确需使用时，需经项目部许可；药品类物资必须保证在有效期内，并定期更换。 四、项目部定期对应急救援物资进行检查，检查中如发现损坏、无法使用等情况，应尽快进行维修或者更换。 五、设备设施、防护器材须定期检查，应保持清洁、干燥，防止锈蚀、刷伤和其它损坏。 六、项目部应加强对员工的培训教育，使员工掌握应急救援物资装备的正确使用和维护保养方法，确保应急救援物资装备在紧急状况下能正确使用。 □□□□工程施工项目部	900mm×600mm

续表

<table>
<tr><th>图牌名称</th><th>示例</th><th>尺寸要求</th></tr>
<tr><td>危险品仓库安全管理制度</td><td>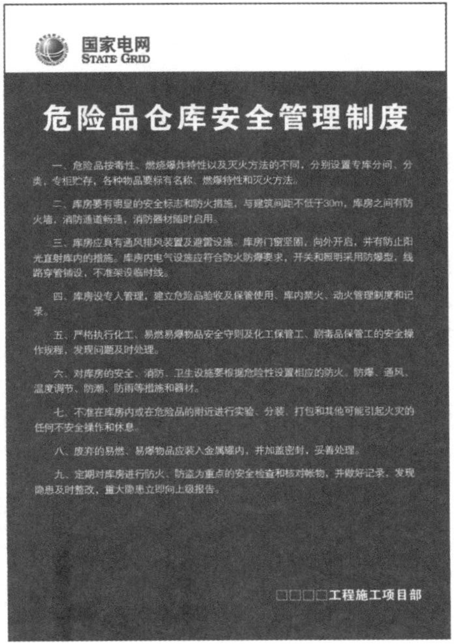
国家电网
STATE GRID
危险品仓库安全管理制度
一、危险品按毒性、燃烧爆炸特性以及灭火方法的不同，分别设置专库分间、分类，专柜贮存，各种物品要标有名称、燃爆特性和灭火方法。
二、库房要有明显的安全标志和防火措施，与建筑间距不低于30m，库房之间有防火墙，消防通道畅通，消防器材随时启用。
三、库房应具有通风排风装置及避雷设施。库房门窗坚固，向外开启，并有防止阳光直射库内的措施。库房内电气设施应符合防火防爆要求，开关和照明采用防爆型，线路穿管铺设，不准架设临时线。
四、库房设专人管理，建立危险品验收及保管使用、库内禁火、动火管理制度和记录。
五、严格执行化工、易燃易爆物品安全守则及化工保管工、剧毒品保管工的安全操作规程，发现问题及时处理。
六、对库房的安全、消防、卫生设施要根据危险性设置相应的防火、防爆、通风、温度调节、防潮、防雨等措施和器材。
七、不准在库房内或在危险品的附近进行实验、分装、打包和其他可能引起火灾的任何不安全操作和休息。
八、废弃的易燃、易爆物品应装入金属罐内，并加盖密封，妥善处理。
九、定期对库房进行防火、防盗为重点的安全检查和核对帐物，并做好记录，发现隐患及时整改，重大隐患立即向上级报告。
□□□□工程施工项目部</td><td>900mm×600mm</td></tr>
</table>

续表

<table>
<tr><th>图牌名称</th><th>示例</th><th>尺寸要求</th></tr>
<tr><td>防火管理制度</td><td>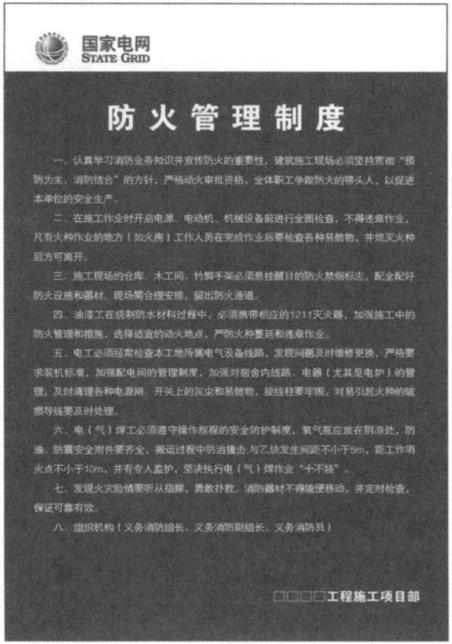国家电网
STATE GRID
防火管理制度
一、认真学习消防业务知识并宣传防火的重要性，建筑施工现场必须坚持贯彻“预防为主、消防结合”的方针，严格动火审批资格，全体职工争做防火的带头人，以促进本单位的安全生产。
二、在施工作业时开启电源、电动机、机械设备前进行全面检查，不得违章作业，凡有火种作业的地方（如火房）工作人员在完成作业后要检查各种易燃物，并熄灭火种后方可离开。
三、施工现场的仓库、木工间、竹脚手架必须悬挂醒目的防火禁烟标志，配全配好防火设施和器材，现场需合理安排，留出防火通道。
四、油漆工在烧制防水材料过程中，必须携带相应的1211灭火器，加强施工中的防火管理和措施，选择适宜的动火地点，严防火种蔓延和违章作业。
五、电工必须经常检查本工地所属电气设备线路，发现问题及时维修更换，严格要求装机标准，加强配电间的管理制度，加强对宿舍内线路、电器（尤其是电炉）的管理，及时清理各种电源闸、开关上的灰尘和易燃物，接线柱要牢固，对易引起火种的破损导线要及时处理。
六、电（气）焊工必须遵守操作规程的安全防护制度，氧气瓶应放在阴凉处，防油、防震安全附件要齐全，搬运过程中防治撞击，与乙炔发生间距不小于5m，距工作明火点不小于10m，并有专人监护，坚决执行电（气）焊作业“十不烧”。
七、发现火灾险情要听从指挥，勇敢扑救。消防器材不得随便移动，并定时检查，保证可靠有效。
八、组织机构（义务消防组长、义务消防副组长、义务消防员）
□□□□工程施工项目部</td><td>900mm×600mm</td></tr>
</table>

续表

图牌名称	示例	尺寸要求
危险品处置指示牌	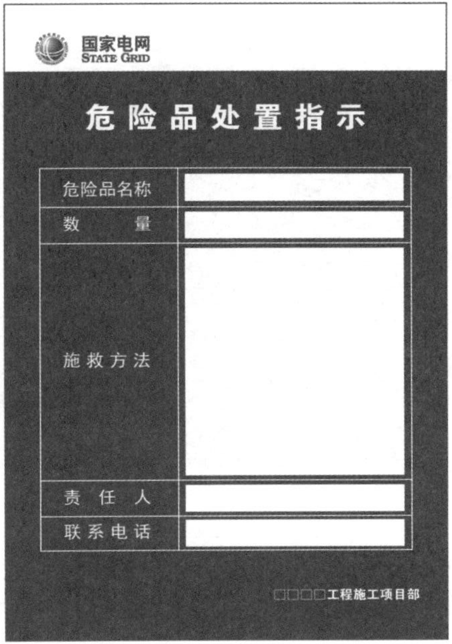	900mm×600mm

注：应根据实际危险品种类进行设置。

续表

图牌名称	示例	尺寸要求
机械设备操作规程牌	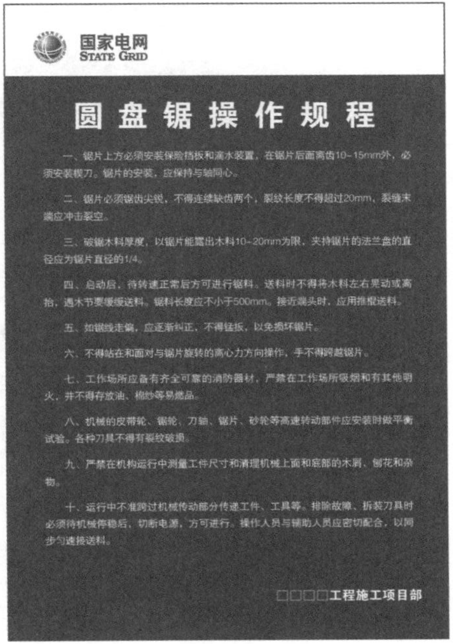	900mm×600mm

国家电网
STATE GRID
圆盘锯操作规程
一、锯片上方必须安装保险挡板和滴水装置，在锯片后面离齿10–15mm外，必须安装楔刀。锯片的安装，应保持与轴同心。
二、锯片必须锯齿尖锐，不得连续缺齿两个，裂纹长度不得超过20mm，裂缝末端应冲击裂空。
三、破锯木料厚度，以锯片能露出木料10–20mm为限，夹持锯片的法兰盘的直径应为锯片直径的1/4。
四、启动后，待转速正常后方可进行锯料。送料时不得将木料左右晃动或高抬，遇木节要缓缓送料。锯料长度应不小于500mm。接近端头时，应用推棍送料。
五、如锯线走偏，应逐渐纠正，不得猛扳，以免损坏锯片。
六、不得站在和面对与锯片旋转的离心力方向操作，手不得跨越锯片。
七、工作场所应备有齐全可靠的消防器材，严禁在工作场所吸烟和有其他明火，并不得存放油、棉纱等易燃品。
八、机械的皮带轮、锯轮、刀轴、锯片、砂轮等高速转动部件应安装时做平衡试验。各种刀具不得有裂纹破损。
九、严禁在机构运行中测量工件尺寸和清理机械上面和底部的木屑、刨花和杂物。
十、运行中不准跨过机械传动部分传递工件、工具等。排除故障、拆装刀具时必须待机械停稳后，切断电源，方可进行。操作人员与辅助人员应密切配合，以同步匀速接送料。
□□□□工程施工项目部

续表

图牌名称	示例	尺寸要求
机械设备操作规程牌	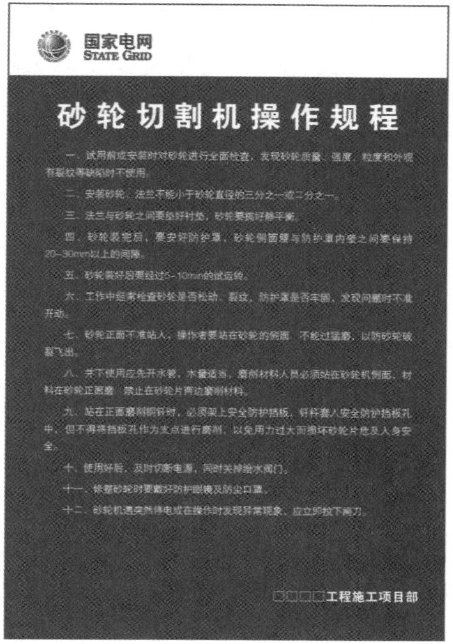国家电网 STATE GRID 砂轮切割机操作规程 一、试用前或安装时对砂轮进行全面检查，发现砂轮质量、强度、粒度和外观有裂纹等缺陷时不使用。 二、安装砂轮、法兰不能小于砂轮直径的三分之一或二分之一。 三、法兰与砂轮之间要垫好衬垫，砂轮要搞好静平衡。 四、砂轮装完后，要安好防护罩，砂轮侧面塑与防护罩内壁之间要保持20~30mm以上的间隙。 五、砂轮装好后要经过5~10min的试运转。 六、工作中经常检查砂轮是否松动、裂纹，防护罩是否牢固，发现问题时不准开动。 七、砂轮正面不准站人，操作者要站在砂轮的侧面，不能过猛磨，以防砂轮破裂飞出。 八、井下使用应先开水管，水量适当，磨削材料人员必须站在砂轮机侧面，材料在砂轮正面磨，禁止在砂轮片两边磨削材料。 九、站在正面磨削钢钎时，必须架上安全防护挡板，钎杆套入安全防护挡板孔中，但不得将挡板孔作为支点进行磨削，以免用力过大而损坏砂轮片危及人身安全。 十、使用好后，及时切断电源，同时关掉给水阀门。 十一、修整砂轮时要戴好防护眼镜及防尘口罩。 十二、砂轮机遇突然停电或在操作时发现异常现象，应立即拉下闸刀。 □□□□工程施工项目部	900mm×600mm

续表

<table>
<tr><th>图牌名称</th><th>示例</th><th>尺寸要求</th></tr>
<tr><td>机械设备操作规程牌</td><td>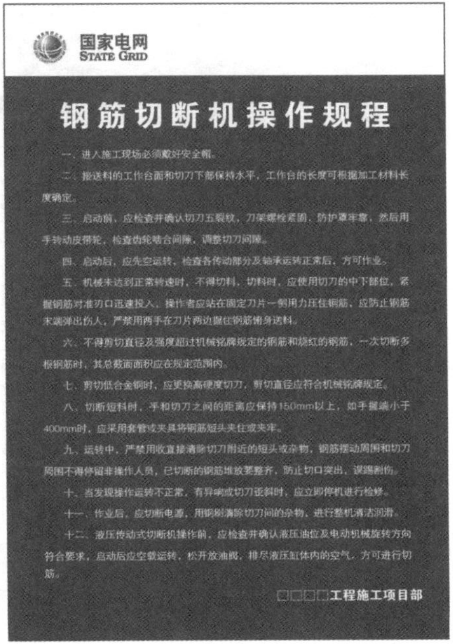
国家电网
STATE GRID
钢筋切断机操作规程
一、进入施工现场必须戴好安全帽。
二、接送料的工作台面和切刀下部保持水平，工作台的长度可根据加工材料长度确定。
三、启动前，应检查并确认切刀无裂纹，刀架螺栓紧固，防护罩牢靠，然后用手转动皮带轮，检查齿轮啮合间隙，调整切刀间隙。
四、启动后，应先空运转，检查各传动部分及轴承运转正常后，方可作业。
五、机械未达到正常转速时，不得切料。切料时，应使用切刀的中下部位，紧握钢筋对准刃口迅速投入，操作者应站在固定刀片一侧用力压住钢筋，应防止钢筋末端弹出伤人，严禁用两手在刀片两边握住钢筋俯身送料。
六、不得剪切直径及强度超过机械铭牌规定的钢筋和烧红的钢筋，一次切断多根钢筋时，其总截面面积应在规定范围内。
七、剪切低合金钢时，应更换高硬度切刀，剪切直径应符合机械铭牌规定。
八、切断短料时，手和切刀之间的距离应保持150mm以上，如手握端小于400mm时，应采用套管或夹具将钢筋短头夹住或夹牢。
九、运转中，严禁用收直接清除切刀附近的短头或杂物，钢筋摆动周围和切刀周围不得停留非操作人员，已切断的钢筋堆放要整齐，防止切口突出，误踢割伤。
十、当发现操作运转不正常，有异响或切刀歪斜时，应立即停机进行检修。
十一、作业后，应切断电源，用钢刷清除切刀间的杂物，进行整机清洁润滑。
十二、液压传动式切断机操作前，应检查并确认液压油位及电动机械旋转方向符合要求，启动后应空载运转，松开放油阀，排尽液压缸体内的空气，方可进行切筋。
□□□□工程施工项目部</td><td>900mm × 600mm</td></tr>
</table>

续表

图牌名称	示例	尺寸要求
机械设备操作规程牌	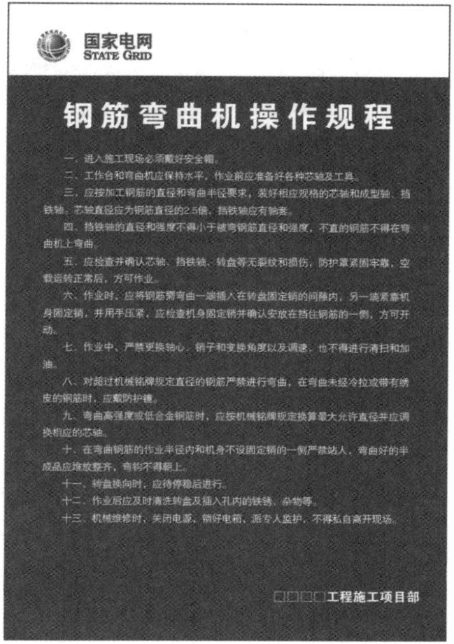国家电网 STATE GRID 钢筋弯曲机操作规程 一、进入施工现场必须戴好安全帽。 二、工作台和弯曲机应保持水平，作业前应准备好各种芯轴及工具。 三、应按加工钢筋的直径和弯曲半径要求，装好相应规格的芯轴和成型轴、挡铁轴。芯轴直径应为钢筋直径的2.5倍，挡铁轴应有轴套。 四、挡铁轴的直径和强度不得小于被弯钢筋直径和强度，不直的钢筋不得在弯曲机上弯曲。 五、应检查并确认芯轴、挡铁轴、转盘等无裂纹和损伤，防护罩紧固牢靠，空载运转正常后，方可作业。 六、作业时，应将钢筋需弯曲一端插入在转盘固定销的间隙内，另一端紧靠机身固定销，并用手压紧，应检查机身固定销并确认安放在挡住钢筋的一侧，方可开动。 七、作业中，严禁更换轴心、销子和变换角度以及调速，也不得进行清扫和加油。 八、对超过机械铭牌规定直径的钢筋严禁进行弯曲，在弯曲未经冷拉或带有锈皮的钢筋时，应戴防护镜。 九、弯曲高强度或低合金钢筋时，应按机械铭牌规定换算最大允许直径并应调换相应的芯轴。 十、在弯曲钢筋的作业半径内和机身不设固定销的一侧严禁站人，弯曲好的半成品应堆放整齐，弯钩不得朝上。 十一、转盘换向时，应待停稳后进行。 十二、作业后应及时清洗转盘及插入孔内的铁锈、杂物等。 十三、机械维修时，关闭电源，锁好电箱，派专人监护，不得私自离开现场。 □□□□工程施工项目部	900mm × 600mm

续表

图牌名称	示例	尺寸要求
机械设备操作规程牌	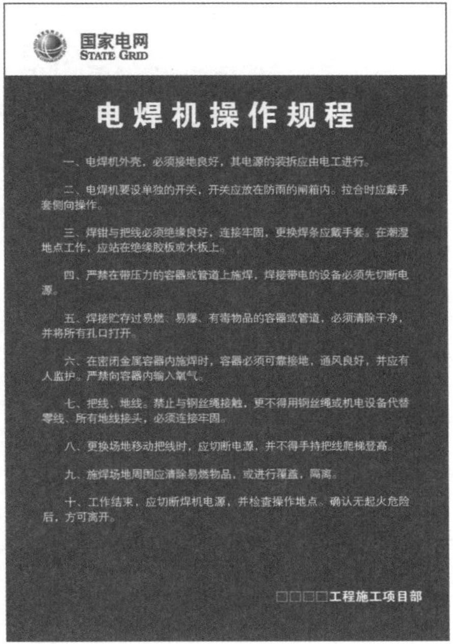国家电网 STATE GRID 电焊机操作规程 一、电焊机外壳，必须接地良好，其电源的装拆应由电工进行。 二、电焊机要设单独的开关，开关应放在防雨的闸箱内。拉合时应戴手套侧向操作。 三、焊钳与把线必须绝缘良好，连接牢固，更换焊条应戴手套。在潮湿地点工作，应站在绝缘胶板或木板上。 四、严禁在带压力的容器或管道上施焊，焊接带电的设备必须先切断电源。 五、焊接贮存过易燃、易爆、有毒物品的容器或管道，必须清除干净，并将所有孔口打开。 六、在密闭金属容器内施焊时，容器必须可靠接地，通风良好，并应有人监护。严禁向容器内输入氧气。 七、把线、地线。禁止与钢丝绳接触，更不得用钢丝绳或机电设备代替零线、所有地线接头，必须连接牢固。 八、更换场地移动把线时，应切断电源，并不得手持把线爬梯登高。 九、施焊场地周围应清除易燃物品，或进行覆盖，隔离。 十、工作结束，应切断焊机电源，并检查操作地点，确认无起火危险后，方可离开。 □□□□工程施工项目部	900mm×600mm

续表

图牌名称	示例	尺寸要求
机械设备操作规程牌	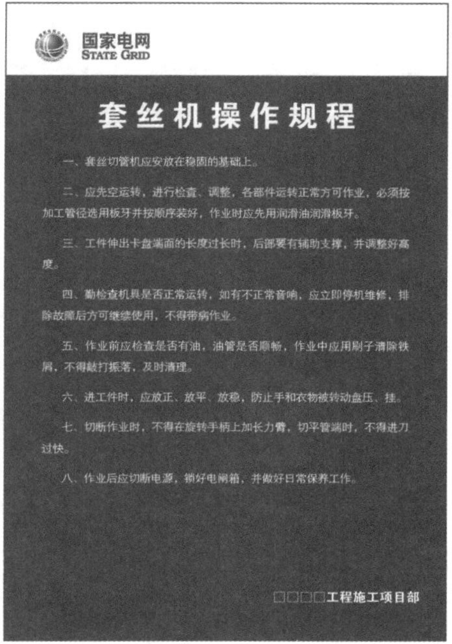	900mm×600mm

国家电网
STATE GRID
套丝机操作规程
一、套丝切管机应安放在稳固的基础上。
二、应先空运转，进行检查、调整，各部件运转正常方可作业，必须按加工管径选用板牙并按顺序装好，作业时应先用润滑油润滑板牙。
三、工件伸出卡盘端面的长度过长时，后部要有辅助支撑，并调整好高度。
四、勤检查机具是否正常运转，如有不正常音响，应立即停机维修，排除故障后方可继续使用，不得带病作业。
五、作业前应检查是否有油，油管是否顺畅，作业中应用刷子清除铁屑，不得敲打振落，及时清理。
六、进工件时，应放正、放平、放稳，防止手和衣物被转动盘压、挂。
七、切断作业时，不得在旋转手柄上加长力臂，切平管端时，不得进刀过快。
八、作业后应切断电源，锁好电闸箱，并做好日常保养工作。
□□□□工程施工项目部

续表

图牌名称	示例	尺寸要求
机械设备操作规程牌	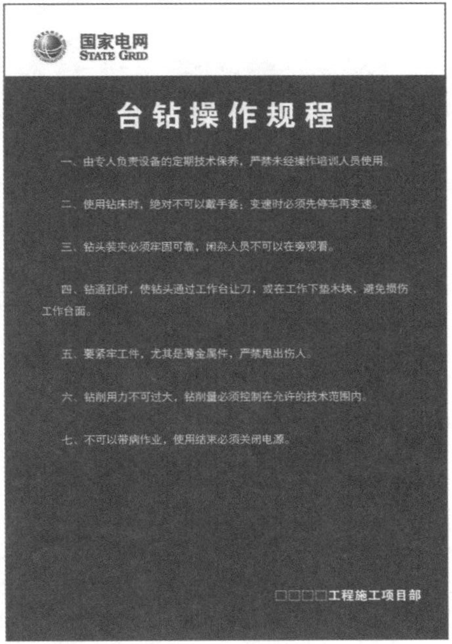国家电网 STATE GRID 台钻操作规程 一、由专人负责设备的定期技术保养，严禁未经操作培训人员使用。 二、使用钻床时，绝对不可以戴手套；变速时必须先停车再变速。 三、钻头装夹必须牢固可靠，闲杂人员不可以在旁观看。 四、钻通孔时，使钻头通过工作台让刀，或在工作下垫木块，避免损伤工作台面。 五、要紧牢工件，尤其是薄金属件，严禁甩出伤人。 六、钻削用力不可过大，钻削量必须控制在允许的技术范围内。 七、不可以带病作业，使用结束必须关闭电源。 □□□□工程施工项目部	900mm×600mm

续表

图牌名称	示例	尺寸要求
机械设备操作规程牌	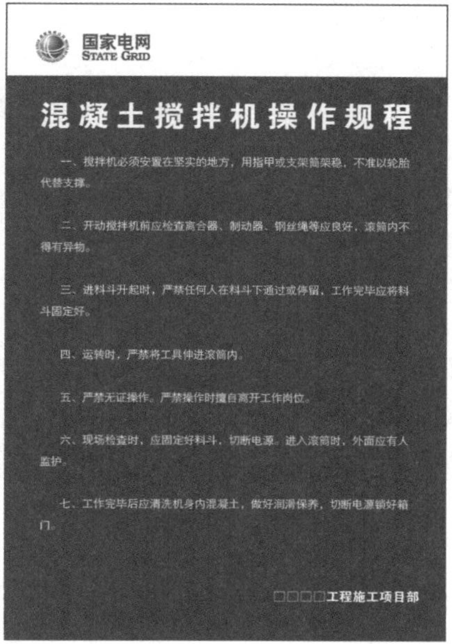	900mm × 600mm

注：机械设备具体包括圆盘锯、砂轮切割机、钢筋切断机、钢筋弯曲机、套丝机、电焊机、台钻、混凝土搅拌机、塔吊等。

续表

图牌名称	示例	尺寸要求
混凝土（砂浆）配合比标识牌	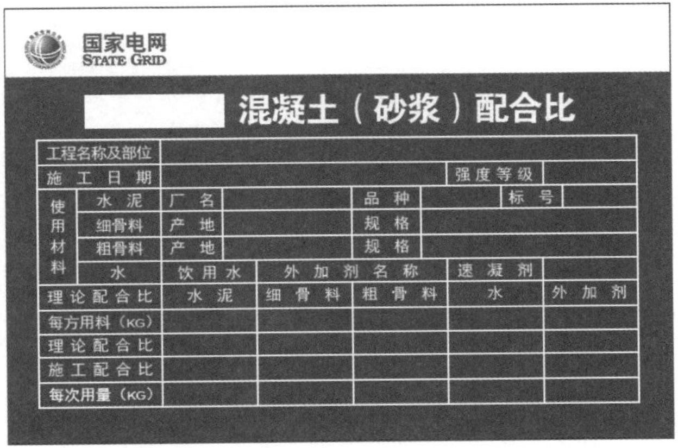国家电网 STATE GRID 混凝土（砂浆）配合比 工程名称及部位 施工日期 强度等级 使用材料 水泥 厂名 品种 标号 细骨料 产地 规格 粗骨料 产地 规格 水 饮用水 外加剂名称 速凝剂 理论配合比 水泥 细骨料 粗骨料 水 外加剂 每方用料（KG） 理论配合比 施工配合比 每次用量（KG）	400mm × 600mm

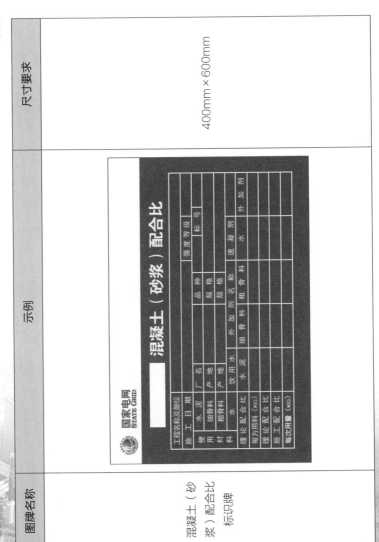

续表

图牌名称	示例	尺寸要求
脚手架搭设牌	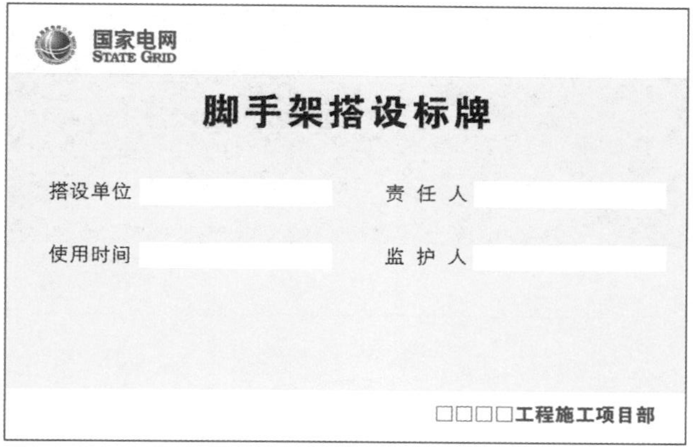国家电网 STATE GRID 脚手架搭设标牌 搭设单位 责 任 人 使用时间 监 护 人 □□□□工程施工项目部	400mm×600mm

续表

图牌名称	示例	尺寸要求
脚手架验收合格牌	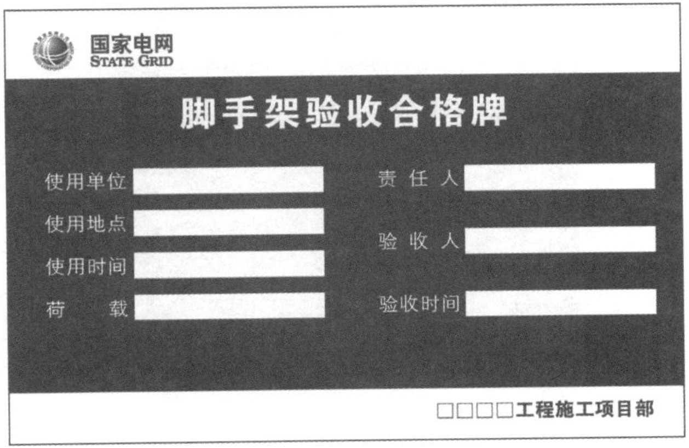国家电网 STATE GRID 脚手架验收合格牌 使用单位 使用地点 使用时间 荷　　载 责 任 人 验 收 人 验收时间 □□□□工程施工项目部	400mm×600mm

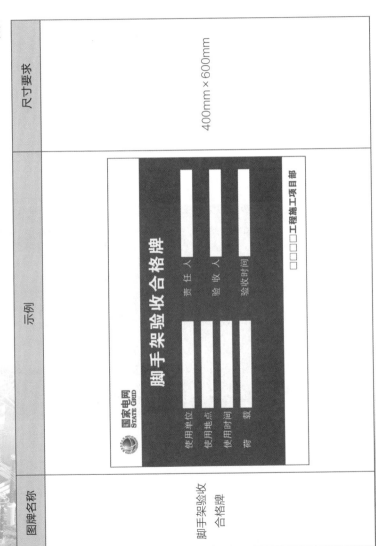

续表

图牌名称	示例	尺寸要求
标准工艺应用牌		900mm×600mm

注：可通过二维码集成，减少标识牌数量。

续表

图牌名称	示例	尺寸要求
材料标识牌（合格品）	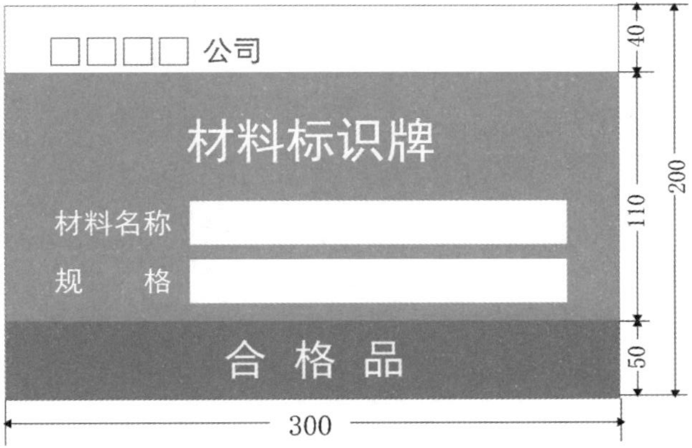	200mm×300mm

续表

图牌名称	示例	尺寸要求
材料标识牌（不合格品）	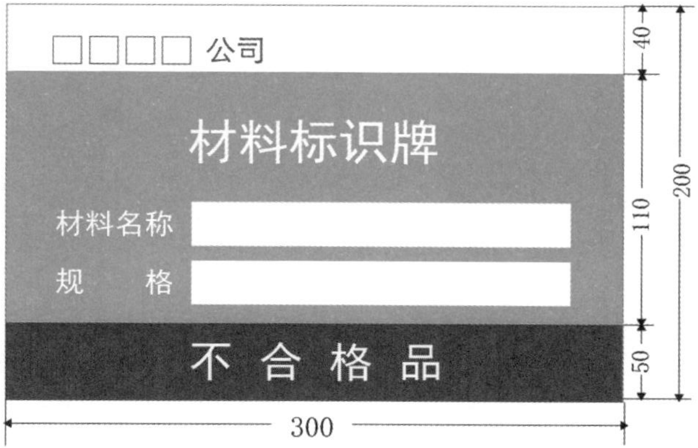	200mm × 300mm

续表

图牌名称	示例	尺寸要求
机械设备状态牌（完好机械）	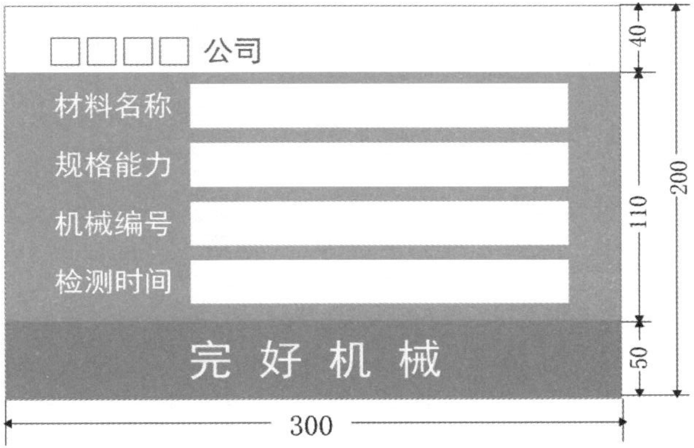□□□□ 公司 材料名称 规格能力 机械编号 检测时间 完 好 机 械 300 40 110 50 200	200mm×300mm

续表

图牌名称	示例	尺寸要求
机械设备状态牌（在修机械）	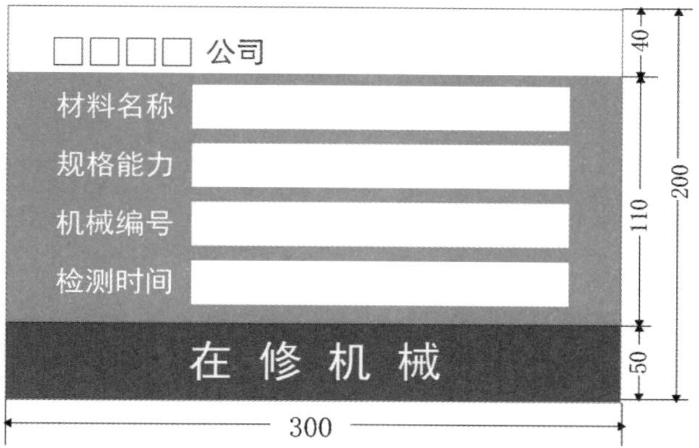	200mm×300mm

续表

图牌名称	示例	尺寸要求
机械设备状态牌（待修机械）	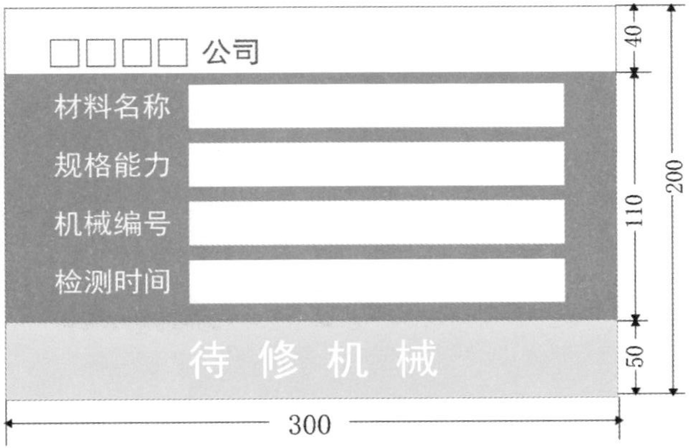	200mm×300mm